高等数学目标练习与测试

主 编 谭 飞
副主编 武广金 叶润萍

苏州大学出版社

图书在版编目(CIP)数据

高等数学目标练习与测试/谭飞主编.—苏州：苏州大学出版社，2006.8(2024.9重印)
ISBN 978-7-81090-724-8

Ⅰ.高… Ⅱ.谭… Ⅲ.高等数学-高等学校-教学参考资料 Ⅳ.O13

中国版本图书馆 CIP 数据核字(2006)第 095750 号

内容提要

全书分为上、下两篇.上篇包括函数、极限与连续、一元函数微分学及一元函数积分学等内容；下篇包括向量代数与解析几何、多元函数微分学、多元函数积分学、级数及微分方程等内容.上、下篇各分为六章，每章以重要知识结点，按内容要求、基本题型、综合计算及应用题型、提高题型编排，每章后配有测试卷，每篇后配有教学进程表、考试复习大纲、期末考试模拟试卷及高等数学竞赛试卷.

本书适用于国家第二批、第三批录取的本科院校学生.其中高等数学 A 是为学习工科类专业的学生准备的，为与高等教育出版社出版的《高等数学》(同济五版)教材体例相符，我们将任务书内容与教材目录作了对应；高等数学 B 是为学习经管类等专业的学生准备的，为与孟广武主编的由同济大学出版社出版的《高等数学》(经管类)教材体例相符，我们将任务书内容也与该教材目录作了对应.

高等数学目标练习与测试

谭　飞　主编

责任编辑　谢金海

苏州大学出版社出版发行
(地址：苏州市十梓街1号　邮编：215006)
扬州市文丰印刷制品有限公司印装
(地址：扬州北郊天山镇兴华路25号　邮编：225653)

开本 787mm×1 092mm　1/16　印张 11　字数 274 千
2006 年 9 月第 1 版　2024 年 9 月第 18 次印刷
ISBN 978-7-81090-724-8　定价：35.00 元

苏州大学版图书若有印装错误，本社负责调换
苏州大学出版社营销部　电话：0512-67481020
苏州大学出版社网址 http://www.sudapress.com

前　　言

当前,许多高等学校以培养应用型科学技术人才为主要目标,针对这种具体情形,编者根据多年教学实践,遵循《工科类本科数学基础课程教学基本要求》(修订稿)的要求,编写了这本辅导书.

全书分为上、下两篇.上篇包括函数、极限与连续、一元函数微分学及一元函数积分学等内容,下篇包括向量代数与解析几何、多元函数微分学、多元函数积分学、级数及微分方程等内容.上、下篇各分为六章,每章以重要知识结点,按内容要求、基本题型、综合计算及应用题型、提高题型编排,每章后配有测试卷,每篇后配有教学进程表、考试复习大纲、期末考试模拟试卷及高等数学竞赛试卷.

本书遵循将知识结构与人的认知结构相统一的原则,力求在尊重学生个性发展的基础上激发学生的学习积极性与互动性,循序渐进地培养学生的素质能力.鉴于此,本书在编写中力图做到以下几点：

(1) 以显示微积分的直观性与广泛的应用性为侧重点,强调其重要的思想与方法,并以此构建脉络分明、清晰易懂的高等数学知识体系,便于学生理解学习进程与要求,明确学习任务.

(2) 注重知识纵向与横向的联系.针对每一个重要的概念,在内容要求的导引下,精心设计了基本题型、综合计算或应用题型、提高题型、测试题等几个环节,一环紧扣一环,便于学生根据自身情况有的放矢地进行学习和钻研,循序渐进地掌握知识,提高素质.

(3) 为增强学生在学习进程中的积极性与互动性,书中每题都附有分值与答案,便于学生自查与互查.同时,书中编制了一些讨论题、一题多问题、一题多解题,这有利于学生增进交流,共同探讨.

本书适用于国家第二批、第三批录取的本科院校学生.其中高等数学 A 是为学习工科类专业的学生准备的,为与高等教育出版社出版的《高等数学》(同济五版)教材体例相符,我们将任务书内容与教材目录作了对应;高等数学 B 是为学习经管类等专业的学生准备的,为与孟广武主编的由同济大学出版社出版的《高等数学》(经管类)教材体例相符,我们将任务书内容也与该教材目录作了对应.

书中自学部分,学习高等数学 A、B 的学生可不作要求;带 * 的部分,学习高等数学 B 的学生可不作要求.

参加本书编写的人员有：谭飞、武广金、叶润萍,由谭飞负责统稿.书中引用了多本《高等数学》教材与教辅材料中的习题,在此向各位作者表示感谢！

由于编者水平有限,书中的不当之处在所难免,敬请专家、同行与广大读者批评指正.

编　者

2006 年 8 月

目　录

上　篇

第一章　函数与极限 ……………………………………………………………… (1)
测试卷一 …………………………………………………………………………… (8)
第二章　导数与微分 ……………………………………………………………… (11)
测试卷二 …………………………………………………………………………… (15)
第三章　微分中值定理与导数的应用 …………………………………………… (18)
测试卷三 …………………………………………………………………………… (22)
第四章　不定积分 ………………………………………………………………… (25)
测试卷四 …………………………………………………………………………… (27)
第五章　定积分 …………………………………………………………………… (30)
测试卷五 …………………………………………………………………………… (34)
第六章　定积分的应用 …………………………………………………………… (37)
测试卷六 …………………………………………………………………………… (39)
《高等数学》A(1)复习考试大纲 …………………………………………………… (45)
高等数学(A1)期末模拟试卷(一) ………………………………………………… (46)
高等数学(A1)期末模拟试卷(二) ………………………………………………… (49)
《高等数学》B(1)复习考试大纲 …………………………………………………… (54)
高等数学(B1)期末模拟试卷(一) ………………………………………………… (55)
高等数学(B1)期末模拟试卷(二) ………………………………………………… (58)

下　篇

第七章　空间解析几何与向量代数 ……………………………………………… (61)
测试卷七 …………………………………………………………………………… (66)
第八章　多元函数微分法及其应用 ……………………………………………… (69)
测试卷八 …………………………………………………………………………… (76)

第九章　重积分 ……………………………………………………………………………… (79)
　　测试卷九 …………………………………………………………………………………… (83)
*第十章　曲线积分与曲面积分 …………………………………………………………… (86)
　　测试卷十 …………………………………………………………………………………… (90)
第十一章　无穷级数 ………………………………………………………………………… (93)
　　测试卷十一 ………………………………………………………………………………… (98)
第十二章　微分方程 ………………………………………………………………………… (100)
　　测试卷十二 ………………………………………………………………………………… (104)
《高等数学》A(2)复习考试大纲 ……………………………………………………………… (109)
高等数学(A2)期末模拟试卷(一) …………………………………………………………… (110)
高等数学(A2)期末模拟试卷(二) …………………………………………………………… (114)
《高等数学》B(2)复习考试大纲 ……………………………………………………………… (120)
高等数学(B2)期末模拟试卷(一) …………………………………………………………… (121)
高等数学(B2)期末模拟试卷(二) …………………………………………………………… (124)
高等数学本科 A 类竞赛模拟试卷 …………………………………………………………… (128)
高等数学本科 B 类竞赛模拟试卷 …………………………………………………………… (132)
答案与提示 …………………………………………………………………………………… (135)

上 篇

第一章

函数与极限

一、函数（§1.1）

I 内容要求

(i) 在中学已有的函数知识的基础上,加深对函数概念的理解和函数性质(奇偶性、单调性、周期性和有界性)的了解.

(ii) 理解复合函数的概念,了解反函数的概念,了解分段函数的概念.

(iii) 记忆基本初等函数的图象,了解初等函数的概念,自学双曲函数及反双曲函数.

(iv) 学会建立简单实际问题中的函数关系式.

II 基本题型

(i) 有关确定函数定义域的题型

1. (4′) $f(x) = \dfrac{\ln(2-x)}{\sqrt{x+1}}$ 的定义域为_____.

2. (4′) $f(x) = \dfrac{\sqrt{x+1}}{\ln(2-x)}$ 的定义域为_____.

3. (4′) $y = \arcsin(2x-3)$ 的定义域为 （   ）
A. $(1,2)$　　　　B. $[1,2)$　　　　C. $(1,2]$　　　　D. $[1,2]$

4. 已知函数 $f(x)$ 的定义域 $D=[0,1]$,求下列各函数的定义域:

(1) (4′) $f(x^2)$;　　　　　　　　　(2) (4′) $f(2^x)$;

(3) (6′) $f\left(x+\dfrac{1}{3}\right)+f\left(x-\dfrac{1}{3}\right)$.

(ii) 有关确定函数(反函数)表达式的题型

5. (4′) 已知：$f\left(\sin\dfrac{x}{2}\right) = 1+\cos x$,则 $f(x) = $ _____.

6. 设 $f(x) = \begin{cases} -1, & x<0 \\ 0, & x=0 \\ 1, & x>0 \end{cases}$,则 $f[f(x)] = $ _____.

7. 求下列函数的反函数:

(1) (4′) $y = \sqrt[3]{x+1}$;　　　　　　　(2) (4′) $y = \dfrac{1-x}{1+x}$;

(3) (6′) $y = 1+\ln(x+2)$.

8. (7′) 已知：$f(x)=x^3-x$，$\varphi(x)=\sin 2x$，求 $f[\varphi(x)]$，$\varphi[f(x)]$.

9. (10′) 设 $f(x)=\begin{cases}1, & |x|<1,\\ 0, & |x|=1,\\ -1, & |x|>1,\end{cases}$ $g(x)=e^x$，求 $f[g(x)]$ 和 $g[f(x)]$，并作出这两个函数的图形.

(iii) 有关函数性质判定的题型

10. (每题 2′) 下列函数中哪些是偶函数？哪些是奇函数？哪些既非偶函数又非奇函数？

(1) $y=3x^2-x^3$； (2) $y=|x|+1$； (3) $y=\sin x+1$；
(4) $y=a^x+a^{-x}$； (5) $y=a^x-a^{-x}$.

11. (4′) 设 $f(x)=\dfrac{\sin(x+1)}{x^2+1}$，$-\infty<x<+\infty$，则此函数为 （　　）

A. 有界函数   B. 奇函数   C. 偶函数   D. 周期函数

12. (4′) $y=\sin\left(\dfrac{x}{2}+3\right)$ 的最小正周期为 _____.

13. (4′) 设 $f(x)=\begin{cases}\cos x, & -\pi\leqslant x<0,\\ 0, & x=0,\\ -\cos x, & 0<x\leqslant\pi,\end{cases}$ 则 $f(x)$ 在定义区间为 （　　）

A. 奇函数但非周期函数   B. 偶函数但非周期函数
C. 奇函数且为周期函数   D. 偶函数且为周期函数

(iv) 有关复合函数分解的题型

14. (6′) 将 $y=\ln(\tan x^2)$ 分解成由若干个基本初等函数复合的形式.

15. (7′) 将 $y=\arctan^3\dfrac{x}{1-x^2}$ 分解成基本初等函数的复合形式.

Ⅲ 综合应用题型

16. (8′) 已知水渠的横断面为等腰梯形，斜角 φ 为已知锐角（如图所示），当过水断面 $ABCD$ 的面积为定值 S_0 时，求湿周 L 与水深 h 之间的函数关系式，并指明其定义域.

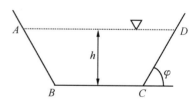

17. (8′) 一列火车在运行时，每小时的费用由两部分组成：一部分是固定费用 a；另一部分费用与火车的平均速度 x 的立方成正比，比例系数为 k. 常用 y 表示火车连续运行路程 s 所需的总费用，试将 y 表示为 x 的函数.

18. (8′) 火车站收取行李费的规定如下：当行李不超过 50kg 时，按基本运费计算，如从上海到某地每千克收 0.15 元，当超过 50kg 时，超重部分按每千克 0.25 元收费. 试求上海到该地的行李费 y（元）与行李质量 x（kg）之间的函数关系式，并画出此函数的图形.

19. (8′) 按照银行规定，某种外币一年期存款的年利率为 4.2%，半年期存款的年利率为 4.0%，每笔存款到期后，银行自动将其转存为同样期限的存款. 设将总数为 A 单位货币的该种外币存入银行，两年后取出，问存何种期限的存款有较多的收益，多多少？

*20. (10′) 森林失火了，火势正以每分钟 100m^2 的速度顺风蔓延，消防站接到报警后立

即派消防队员前去,在失火后 5 分钟到达现场开始救火,已知每名消防队员在现场平均每分钟可灭火 50 m²,所消耗的灭火材料、劳务津贴等费用平均每人每分钟 125 元,另附加每次救火所损耗的车辆、器械和装备等费用平均每人 100 元,而每烧毁 1 m² 森林的损失费为 60 元,设消防队派了 x 名消防队员前去救火,从到达现场开始救火到把火完全扑灭共耗时 n 分钟.

（1）求出 x 与 n 的关系式；

（2）当 x 为何值时,才能使得总损失 y 最小？

二、极限

（一）极限的定义及其性质（§1.2，§1.3，§1.4）

I 内容要求

(i) 理解数列极限、函数极限的描述性定义,自学数列极限、函数极限的精确定义、几何意义及其性质.

(ii) 了解无穷小与无穷大量的概念及其关系,了解无穷小量的性质.

(iii) 记忆基本初等函数图象的变化趋势,学会计算函数在一点处的左、右极限.

II 基本题型

(i) 涉及基本初等函数极限的题型

21. （每空 4′）填充题：

(1) $\lim\limits_{n\to\infty} n^p =$ _____；　　(2) $\lim\limits_{n\to\infty} a^n =$ _____；

(3) $\lim\limits_{x\to 0} e^x =$ _____；　　(4) $\lim\limits_{x\to -\infty} e^x =$ _____；

(5) $\lim\limits_{x\to +\infty} e^x =$ _____；　　(6) $\lim\limits_{x\to 0^+} \ln x =$ _____；

(7) $\lim\limits_{x\to 0} \ln(1+x) =$ _____；　　(8) $\lim\limits_{x\to +\infty} \ln x =$ _____；

(9) $\lim\limits_{x\to 0} \cot x =$ _____；　　(10) $\lim\limits_{x\to \frac{\pi}{2}} \tan x =$ _____；

(11) $\lim\limits_{x\to \infty} \sin x =$ _____；　　(12) $\lim\limits_{x\to 0} \arcsin x =$ _____；

(13) $\lim\limits_{x\to 0} \arctan x =$ _____；　　(14) $\lim\limits_{x\to +\infty} \arctan x =$ _____；

(15) $\lim\limits_{x\to -\infty} \arctan x =$ _____；　　(16) $\lim\limits_{x\to \infty} \arctan x =$ _____.

(ii) 简单函数在一点处左、右极限的题型

22. （4′）$\lim\limits_{x\to 0} \dfrac{|x|}{x} =$ 　　　　　　　　　　　　　　　　　　　　　　(　　)

　A. -1　　　　　B. 0　　　　　C. 1　　　　　D. 不存在

23. （6′）设 $f(x) = \begin{cases} \sin x, & x > 0, \\ \ln(1+x), & -1 < x \leqslant 0, \end{cases}$ 求 $\lim\limits_{x\to 0} f(x)$.

(iii) 无穷小与无穷大量的判定题型

24. （4′）当 $x\to +\infty$ 时,下列函数哪个是无穷小量　　　　　　　　　　　　(　　)

　A. $\ln \dfrac{1}{x}$　　　　B. $1 - \cos x$　　　　C. $-x^2$　　　　D. $\sin \dfrac{1}{x}$

25. （4′）当 $x\to 0^+$ 时,下列函数哪个是无穷大量　　　　　　　　　　　　　(　　)

A. e^x B. e^{-x} C. $e^{-\frac{1}{x}}$ D. $e^{\frac{1}{x}}$

(iv) 涉及无穷小量性质的极限题型

26. (每题 4′) 填空题：

(1) $\lim\limits_{x \to +\infty} \dfrac{\sin x}{x} =$ _____;

(2) $\lim\limits_{x \to 0} x^2 \cos \dfrac{1}{x} =$ _____;

(3) $\lim\limits_{x \to \infty}(x^3+1) =$ _____.

27. (每题 2′) 是非题：

在同一自变量变化过程中：

(1) 两个无穷小的商自然是无穷小； ( )

(2) 无穷小的倒数一定是无穷大； ( )

(3) 无穷小与无穷大必互为倒数. ( )

28. (6′) $\lim\limits_{n \to \infty}\left(\dfrac{1}{n^2} + \dfrac{2}{n^2} + \cdots + \dfrac{n-1}{n^2}\right)$.

29. (6′) $\lim\limits_{n \to \infty}\left(1 + \dfrac{1}{2} + \dfrac{1}{4} + \cdots + \dfrac{1}{2^n}\right)$.

(二) 极限的运算 (§1.5, §1.6)

Ⅰ 内容要求

(i) 掌握极限的四则运算法则和复合运算法则.

(ii) 了解未定式的概念，会判断 $\dfrac{0}{0}, \dfrac{\infty}{\infty}, \infty - \infty, 0 \cdot \infty, 1^{\infty}$ 未定式类型.

(iii) 记忆两个重要极限公式并学会利用它们求极限，了解夹逼定理与单调有界定理.

Ⅱ 基本题型

(i) 直接运用四则求限法则及复合求限法则解决的极限题型 (定式)

30. (每题 4′) 求下列极限：

(1) $\lim\limits_{x \to 1} \dfrac{x-3}{x^2-9}$;

(2) $\lim\limits_{x \to \infty}\left(2 - \dfrac{1}{x} + \dfrac{1}{x^2}\right)$;

(3) $\lim\limits_{x \to \infty} \arctan(x^2+1)$;

(4) $\lim\limits_{x \to 1}(1+x)^{x^3}$.

(ii) 简单未定式的判断及计算题型

31. 判定下列未定式的类型，并进行计算：

(1) (4′) $\lim\limits_{x \to 3} \dfrac{x-3}{x^2-9}$;

(2) (4′) $\lim\limits_{x \to \infty} \dfrac{x-3}{x^2-9}$;

(3) (6′) $\lim\limits_{x \to 3} \dfrac{\sqrt{x}-\sqrt{3}}{x^2-9}$;

(4) (6′) $\lim\limits_{n \to \infty} \dfrac{n}{\sqrt{n^2+1}+n}$;

(5) (6′) $\lim\limits_{n \to \infty} \dfrac{(n+1)(2n+1)(3n+1)}{2n^3+3n+1}$;

(6) (7′) $\lim\limits_{n \to \infty}(\sqrt{n^2+1}-\sqrt{n^2-1})$;

(7) (7′) $\lim\limits_{x \to \infty}\left(\dfrac{x^3}{2x^2-1} - \dfrac{x^2}{2x+1}\right)$.

32. 判定下列未定式的类型，并进行计算：

(1) (4′) $\lim\limits_{x \to 0} \dfrac{\sin\omega x}{x}$;

(2) (4′) $\lim\limits_{x \to 0} \dfrac{\tan\omega x}{x}$;

(3) (6′) $\lim\limits_{x \to 0} \dfrac{\sin 2x}{\sin 5x}$;

(4) (6′) $\lim\limits_{x \to 0} \dfrac{\tan 3x}{\tan 5x}$;

(5) (6′) $\lim\limits_{x \to 0} \dfrac{\arctan 2x}{x}$;

(6) (6′) $\lim\limits_{x \to \infty} x\sin\dfrac{1}{x}$;

(7) (6′) $\lim\limits_{x \to 0} x\cot 3x$.

33. 判定下列未定式的类型,并进行计算:

(1) (4′) $\lim\limits_{x \to 0}(1+2x)^{\frac{1}{x}}$;

(2) (4′) $\lim\limits_{x \to 0}(1-3x)^{\frac{1}{2x}}$;

(3) (6′) $\lim\limits_{x \to \infty}\left(\dfrac{1+x}{x}\right)^{kx}$;

(4) (6′) $\lim\limits_{n \to \infty}\left(\dfrac{n+1}{n-1}\right)^{n}$;

(5) (6′) $\lim\limits_{x \to 0}(1+3x)^{1-\frac{1}{x}}$.

Ⅲ 提高题型

用极限存在准则解决的极限题型

34. (每题 7′) 用夹逼定理求下列极限:

(1) $\lim\limits_{n \to \infty} \dfrac{3^n}{n!}$;

(2) $\lim\limits_{n \to \infty}\left(\dfrac{n}{n^2+\pi}+\dfrac{n}{n^2+2\pi}+\cdots+\dfrac{n}{n^2+n\pi}\right)$.

35. (7′) 用单调有界定理证明数列 $\sqrt{2}, \sqrt{2+\sqrt{2}}, \sqrt{2+\sqrt{2+\sqrt{2}}}, \cdots$ 的极限存在,你能求出该极限吗?

(三) 极限的综合计算及其应用(§1.7)

Ⅰ 内容要求

(ⅰ) 学会对无穷小量的阶进行比较.

(ⅱ) 学会确定曲线的水平渐近线与铅直渐近线.

(ⅲ) 记忆常用的等价无穷小,学会运用等价无穷小量代换求极限.

Ⅱ 基本题型

(ⅰ) 关于无穷小阶的比较题型

36. (4′) 当 $x \to 0$, $1-\cos x^2$ 是关于 x^4 的 ( )

A. 高阶无穷小 B. 低阶无穷小
C. 同阶但非等价无穷小 D. 等价无穷小

37. (4′) 当 $x \to 0$, $\ln(1+x)$ 是关于 x^2 的 ( )

A. 高阶无穷小 B. 低阶无穷小
C. 同阶但非等价无穷小 D. 等价无穷小

38. (4′) $x \to 0$, $\sqrt[3]{1+x^2}-1 \sim kx^n$,则 $k=$ _____ ; $n=$ _____ .

(ⅱ) 关于渐近线确定的题型

39. (4′) $y=\dfrac{x+2}{2x-3}$ 的水平渐近线为 _____ ;铅直渐近线为 _____ .

40. (7′) 求 $y=\dfrac{e^x+e^{-x}}{e^x-e^{-x}}$ 的水平渐近线与铅直渐近线.

(iii) 利用无穷小进行等价代替处理的极限题型

41. (每题 6′) 判断下列未定式类型,并求下列极限:

(1) $\lim\limits_{x\to 0}\dfrac{\sin 3x(1-\cos x)}{\tan 4x^3}$;

(2) $\lim\limits_{x\to 0}\dfrac{(e^{2x}-1)\arcsin x}{\ln(1+x^2)}$;

(3) $\lim\limits_{x\to 0}\dfrac{\sin x^2\cdot\ln(1+2x)}{\sqrt[3]{1+x^3}-1}$.

Ⅲ 提高题型

复杂未定式的计算题型

42. (每题 7′) 求下列极限:

(1) $\lim\limits_{x\to 0}\dfrac{\sqrt{1+\tan x}-\sqrt{1+\sin x}}{x\sqrt{1+\sin^2 x}-x}$;

(2) $\lim\limits_{x\to +\infty}x(\sqrt{x^2+1}-x)$;

(3) $\lim\limits_{x\to\infty}\left(\dfrac{2x+3}{2x+1}\right)^{x+1}$;

(4) $\lim\limits_{x\to 0}\left(\dfrac{a^x+b^x+c^x}{3}\right)^{\frac{1}{x}}$;

(5) $\lim\limits_{x\to 0}\dfrac{(1+x)^x-1}{\ln(\cos x)}$.

43. (10′) 若 $\lim\limits_{x\to\infty}\left(\dfrac{x^2+1}{x+1}-ax-b\right)=0$,求 a,b. 你知道解决该题的几何意义吗?

44. (7′) 若 $\lim\limits_{n\to\infty}\left[1+\dfrac{1}{2}+\dfrac{1}{3}+\cdots+\dfrac{1}{n}-\ln(n+1)\right]=a(0<a<+\infty)$,

求证:$\lim\limits_{n\to\infty}\dfrac{1+\dfrac{1}{2}+\cdots+\dfrac{1}{n}}{\ln n}=1$.

三、连续(A:§1.8,§1.9,§1.10;B:§1.8,§1.9)

Ⅰ 内容要求

(i) 理解函数在一点处连续和在一区间内连续的概念.

(ii) 了解函数间断点的概念,会判别间断点的类型.

(iii) 了解初等函数的连续性和闭区间内连续函数的介值定理与最值定理.

Ⅱ 基本题型

(i) 有关连续的题型

45. (每题 2′) 是非题:

(1) 若函数在一点处极限存在,则函数在该点必连续; ( )

(2) 一切初等函数在其定义区间内都连续. ( )

46. (8′) 研究函数 $f(x)=\begin{cases}x^2, & 0\leqslant x\leqslant 1\\ 2-x, & 1<x\leqslant 2\end{cases}$ 的连续性,并画出函数的图象.

47. (4′) 函数 $f(x)=\begin{cases}2x, & 0\leqslant x<1\\ 3-x, & 1<x\leqslant 2\end{cases}$ 的连续区间是 ( )

A. $[0,1)\cup(1,2]$ B. $[0,2]$ C. $[0,1)$ D. $(1,2]$

48. (7′) 对函数 $f(x)=\begin{cases}e^x, & x<0\\ a+x, & x\geqslant 0\end{cases}$,应当怎样选择数 a,使其成为在 $(-\infty,+\infty)$ 内

的连续函数?

(ii) 有关间断点类型确定的题型

49. (每题 4′)下列函数在指定的点处间断,说明这些间断点属于哪一类:

(1) $y=\dfrac{x^2-1}{x^2-3x+2}, x=1, x=2$;

(2) $y=\begin{cases} x-1, & x\leqslant 1, \\ 3-x, & x>1, \end{cases} x=1$;

(3) $y=\dfrac{x}{\tan x}, x=k\pi, x=k\pi+\dfrac{\pi}{2}(k\in \mathbf{Z})$.

Ⅲ 综合计算题型

50. (8′) 设 $f(x)=\dfrac{x^2-x}{|x|(x^2-1)}$. 求:

(1) $f(x)$ 的间断点并判断其类型;

(2) $f(x)$ 的渐近线.

51. (10′) 设 $f(x)=\begin{cases} e^{\frac{1}{x-1}}, & x>0, \\ a+\ln(1+x), & -1<x\leqslant 0. \end{cases}$

(1) 若 $f(x)$ 在 $x=0$ 处连续,求 a;

(2) 求 $f(x)$ 的间断点,并说明间断点所属类型;

(3) 求 $f(x)$ 的渐近线方程.

Ⅳ 提高题型

涉及介值定理的证明题

52. (7′) 证明:方程 $x=a\sin x+b(a>0,b>0)$ 至少有一个正根,并且它不超过 $a+b$.

53. (7′) 设函数 $f(x)$ 对于 $[a,b]$ 内的任意两点 x,y,恒有 $|f(x)-f(y)|\leqslant L|x-y|$,其中 L 为正常数,且 $f(a)\cdot f(b)<0$,证明:存在 $\xi\in(a,b)$,使得 $f(\xi)=0$.

54. (7′) 证明:若函数 $f(x)$ 在 $(-\infty,+\infty)$ 内连续,且 $\lim\limits_{x\to\infty}f(x)$ 存在,则 $f(x)$ 必在 $(-\infty,+\infty)$ 内有界.

55. (7′) 一个登山运动员从早晨 7:00 开始攀登某座山峰,在下午 7:00 到达山顶;第二天早晨再从山顶沿着原路下山,下午 7:00 到达山脚. 试利用介值定理证明:这个运动员必在这两天的某一相同时刻经过登山路径的同一地点.

测 试 卷 一

一、选择题(7×4′)

1. 设 $f(x)=\begin{cases}x, & x\geqslant 0,\\ x^2, & x<0,\end{cases}$ $g(x)=5x-4$，则 $f[g(0)]=$ （　　）

   A. -16　　　　　B. -4　　　　　C. 4　　　　　D. 16

2. 函数 $y=f(x)$ 的增量 $\Delta y=f(x+\Delta x)-f(x)$ （　　）

   A. 一定大于 0　　B. 一定小于 0　　C. 不一定大于 0　　D. 一定不大于 0

3. $\lim\limits_{x\to 0}(1+3x)^{\frac{1}{2x}}=$ （　　）

   A. $e^{\frac{1}{6}}$　　　　　B. $e^{\frac{2}{3}}$　　　　　C. $e^{\frac{3}{2}}$　　　　　D. e^6

4. 当 $x\to 0$ 时，$\tan x^2$ 是关于 $\sin^2 x$ 的 （　　）

   A. 高阶无穷小　　　　　　　　B. 低阶无穷小
   C. 等价无穷小　　　　　　　　D. 同阶但非等价无穷小

5. $x=4$ 是 $f(x)=\dfrac{\sin(x-4)}{x^2-16}$ 的 （　　）

   A. 跳跃间断点　　B. 可去间断点　　C. 第二类间断点　　D. 连续点

6. 曲线 $y=\dfrac{x+\sin x}{x^2}-2$ 的水平渐近线方程为 （　　）

   A. $x=-2$　　　B. $y=-2$　　　C. $x=2$　　　D. $y=2$

7. 函数 $y=f(x)$ 在 x_0 处有定义是 $y=f(x)$ 在 x_0 处有极限的 （　　）

   A. 充分但非必要条件　　　　　B. 必要但非充分条件
   C. 充分且必要条件　　　　　　D. 既不充分也不必要条件

二、填空题(3×4′)

1. $\lim\limits_{n\to\infty}\dfrac{(2n+1)^3(3n+1)^2}{(6n+1)^5}=$ _____．

2. 若函数 $y=\begin{cases}\dfrac{\ln(1+2x)}{x}, & x>0,\\ 3x+a, & x\leqslant 0\end{cases}$ 连续，则 $a=$ _____．

3. 已知：$\lim\limits_{x\to 1}\dfrac{x^2+bx+5}{1-x}=4$，则 $b=$ _____．

三、计算题(4×7′)

1. $\lim\limits_{x\to -\infty}\dfrac{\arctan x}{e^x-1}$．

2. $\lim\limits_{x\to\infty}\left(\dfrac{x+2}{x+1}\right)^{\frac{x}{2}}$.

3. $\lim\limits_{x\to+\infty}\left(\sqrt{x+\sqrt{x}}-\sqrt{x}\right)$.

4. $\lim\limits_{x\to 0}\dfrac{\sqrt{1+\tan x}-\sqrt{1+\sin x}}{x^3}$.

四、(9′) 设 $y=\dfrac{e^x+1}{e^x-1}$. 求：

（1）函数的间断点并判断其类型；
（2）该函数图象的水平渐近线及铅直渐近线.

五、(8′) 当 $x\to 0$ 时，$\sqrt[3]{1+x^2}-1$ 与 $1-\cos\sqrt{ax}$ 互为等价无穷小，求 a 值.

六、($8'$) 把长为 a 的线段 AB 分为 n 等份,以每个小段为底作底角为 $\dfrac{2\pi}{n}$ 的等腰三角形,这些等腰三角形的两腰组成一折线,试求当 n 无限增大时所得折线长的极限.

七、(两题选做一题,每题 $7'$)

1. 求 $\lim\limits_{n\to+\infty}\left(\dfrac{1}{\sqrt{n^2+1}}+\dfrac{1}{\sqrt{n^2+2}}+\cdots+\dfrac{1}{\sqrt{n^2+n}}\right)$.

2. 求证:方程 $x=2\sin x$ 在 $\left(\dfrac{\pi}{2},\pi\right)$ 内至少有一实根.

第二章

导数与微分

一、导数

(一) 导数的概念 (§2.1)

I 内容要求

(i) 理解导数的概念及其几何意义,了解函数的可导性与连续性之间的关系.

(ii) 了解导数作为函数变化率的实际意义,会用导数表达科学技术中一些量的变化率.

II 基本题型

(i) 用导数定义推证简单初等函数的导数公式

1. (每题 4′) 用导数定义求证下列导数公式,并记忆下列公式:

(1) $(C)'=0$; (2) $\left(\dfrac{1}{x}\right)'=-\dfrac{1}{x^2}$; (3) $(\sqrt{x})'=\dfrac{1}{2\sqrt{x}}$;

(4) $(\cos x)'=-\sin x$; (5) $(a^x)'=a^x\ln a$; (6) $(x^\mu)'=\mu x^{\mu-1}$.

(ii) 确定简单基本初等函数在某点处的切线方程和法线方程

2. (6′) 求 $y=\ln x$ 在 $(1,0)$ 点处的切线方程及法线方程.

3. (6′) 求 $y=\sqrt{x\sqrt{x}}$ 在 $(1,1)$ 点处的切线方程.

(iii) 科技中一些量变化率的导数表示

4. (每题 4′) 填空题:

(1) 若物体的温度 T 与时间 t 的函数关系为 $T=T(t)$,则该物体的温度随时间的变化速度为_____.

(2) 若某地区 t 时刻的人口数为 $N(t)$,则该地区人口变化速度为_____.

III 提高题型

(i) 分段函数在分段点处的导数计算

5. (每题 7′) 讨论下列函数在 $x=0$ 处的连续性与可导性:

(1) $y=|\sin x|$; (2) $y=\begin{cases} x\sin\dfrac{1}{x}, & x\neq 0 \\ 0, & x=0. \end{cases}$

6. (8′) 已知: $f(x)=\begin{cases} x^2, & x\geqslant 0 \\ -x, & x<0, \end{cases}$ 求 $f'_+(0), f'_-(0), f'(0), f'(x)$.

(ii) 用导数定义解决的有关抽象函数的题型(自学)

7. (7′) 设 $f(0)=0, f'(0)=1$,求 $\lim\limits_{x\to 0}\dfrac{f(2x)-f(-3x)}{x}$.

8. (7′) 对任取的 x,y,总有 $f(x+y)=f(x)+f(y)$,且 $f(x)$ 在 $x=0$ 处可导,求证:

$f(x)$在$(-\infty,+\infty)$内处处可导.

（二）初等函数求导（A：§2.2，§2.3；B：§2.2，§2.3，§2.4）

Ⅰ 内容要求

(i) 记忆基本导数表,掌握四则求导法则及复合求导法则,了解反函数求导法则.

(ii) 了解高阶导数的概念,掌握初等函数一阶及二阶导数的求法,自学求函数n阶导数的一般表达式.

Ⅱ 基本题型

(i) 初等函数一阶及二阶导数的计算题型

9. (每题 4′) 求下列函数的一阶导数：

(1) $y=2^x \cdot x^2$； (2) $y=3e^x \cos x$；

(3) $y=\dfrac{\ln x}{\sqrt{x}}$； (4) $y=\dfrac{\arcsin x}{\arccos x}$；

(5) $y=2^{x^2}$； (6) $y=e^{-\frac{x}{2}}\cos 6x$；

(7) $y=\arctan\dfrac{x+1}{x-1}$； (8) $y=\ln(x+\sqrt{x^2+a^2})$.

10. (每题 6′) 求下列函数在给定点处的函数值：

(1) $\rho=\theta\sin\theta+\dfrac{1}{2}\cos\theta$,求$\left.\dfrac{d\rho}{d\theta}\right|_{\theta=\frac{\pi}{4}}$；

(2) $y=\sqrt{x+\sqrt{x}}$,求$y'(1)$；

(3) $y=\dfrac{1}{1+|\sin x|}+\dfrac{1}{1-|\sin x|}$,求$y'\left(\dfrac{\pi}{3}\right)$；

(4) $y=\ln(\sec x+\tan x)$,求$y'\left(\dfrac{\pi}{6}\right)$.

11. (每题 7′) 求下列函数的二阶导数：

(1) $y=\dfrac{1}{x}+\ln x$； (2) $y=\tan x$；

(3) $y=\dfrac{e^{2x}}{x}$； (4) $y=\ln(x^2+a^2)$；

(5) $y=\ln\sqrt{\dfrac{1-x}{1+x}}$； (6) $y=\ln(x+\sqrt{x^2-a^2})$.

(ii) 有关抽象复合函数的一阶求导问题

12. (每题 4′) 求下列函数的一阶导数：

(1) (7′) 设函数$f(x)$和$g(x)$可导,且$f^2(x)+g^2(x)\neq 0$,求$\dfrac{d}{dx}\left[\sqrt{f^2(x)+g^2(x)}\right]$.

(2) (7′) 设$f(x)$一阶可导,设$y=f(\sin^2 x)+f(\cos^2 x)$,求$y'(x),y'\left(\dfrac{\pi}{3}\right)$.

Ⅲ 提高题型

(i) 有关抽象函数的求导问题

13. (7′) 设$f(x)$二阶可导,$y=f(\sin^2 x)+f(\cos^2 x)$,求$y''(x)$.

14. (7′) 试从$\dfrac{dx}{dy}=\dfrac{1}{y'}$导出$\dfrac{d^2x}{dy^2}=-\dfrac{y''}{(y')^3}$.

(ii) 有关 n 阶导数的计算题型(自学)

15. (每题 7′) 求下列函数 n 阶导数的一般表达式:

(1) $y=\dfrac{1}{x+a}$;   (2) $y=\dfrac{1}{x^2-2x-3}$;

(3) $y=\ln(1+x)$;   (4) $y=\sin^2 x$;   (5) $y=xe^x$.

（二）隐函数、参数方程所确定函数的求导问题及相关变化率问题(A：§2.4；B：§2.5，§2.6)

Ⅰ 内容要求

(i) 掌握隐函数和参数方程所确定函数的一阶导数,并学会计算简单的二阶导数.

(ii) 学会对数求导法.

(iii) 学会解决一些简单实际问题中的相关变化率问题.

Ⅱ 基本题型

涉及隐函数和参数方程所确定函数的一阶导数问题

16. 求由下列方程所确定的隐函数 $y=y(x)$ 的导数 $\dfrac{dy}{dx}$:

(1) (7′) $x^3+y^3-3axy=0$;   (2) (7′) $y=1-xe^y$.

17. (7′) 求曲线 $x^{\frac{2}{3}}+y^{\frac{2}{3}}=a^{\frac{2}{3}}$ 在点 $(\dfrac{\sqrt{2}}{4}a,\dfrac{\sqrt{2}}{4}a)$ 处的切线方程及法线方程.

18. (7′) 设 $y=\left(\dfrac{x}{1+x}\right)^x$,求 $\dfrac{dy}{dx}$.

19. (每题 7′) 求下列参数方程所确定的函数的导数 $\dfrac{dy}{dx}$.

(1) $\begin{cases} x=\theta(1-\sin\theta), \\ y=\theta\cos\theta; \end{cases}$ (2) $\begin{cases} x=\ln(1+t^2), \\ y=t-\arctan t. \end{cases}$

20. (7′) 求曲线 $\begin{cases} x=e^t\sin 2t, \\ y=e^{2t}\cos t \end{cases}$ 在点 $(0,1)$ 处的切线方程及法线方程.

Ⅲ 综合应用题型

有关变化率及相关变化率的实际问题

21. (8′) 设质点的位移函数 $s=t^3+1.5t^2-t,t\geqslant 0$,其中 t 和 s 的单位分别为 s 和 m.

(1) 问：何时质点达到 5m/s 的速度？

(2) 求 $t=3$s 时,质点运动的加速度.

22. (8′) 在一新陈代谢实验中葡萄糖的含量为 $m=5-0.02t^2$,其中 t 的单位为 h,求 1h 后葡萄糖量的变化率.

23. (8′) 在温度不变的条件下,压缩气体的体积与压强之间的关系为 $pV=C$,求体积关于压强的变化率.

*24. (8′) 设一球状雪球正在融化,其体积以 $1\mathrm{cm}^3/\min$ 的速率减小,问雪球直径为 10cm 时,直径的减小率为多少？

*25. (8′) 设 12:00 时甲船位于乙船西 100km 处,甲船以 35km/h 的速度向南航行,而乙船以 25km/h 的速度向北航行,求 16:00 时两船距离的增加率.

*26. (8′) 一架巡逻直升机在距地面 3km 的高度以 120km/h 的常速沿着一条水平笔直的高速公路向前飞行,飞行员观察到迎面驶来一辆汽车,通过雷达测出直升机与汽车间的距离为 5km,并且此距离以 160km/h 的速率减小,试求出汽车行进的速度.

Ⅳ 提高题型

涉及隐函数和参数方程所确定函数的二阶导数题型

27. (7′) 设 $y = \tan(x+y)$ 确定了 $y = y(x)$,求 $y''(x)$.

28. (7′) 设 $\begin{cases} x = \ln(1+t^2), \\ y = \arctan t, \end{cases}$ 求 $\dfrac{d^2 y}{dx^2}$.

29. (7′) 设 $\begin{cases} x = \arctan t, \\ 2y - ty^2 + e^t = 5 \end{cases}$ 确定了 $y = y(x)$,求 $y''(0)$.

30. (7′) 设 $y = y(x)$ 由方程 $x e^{f(y)} = e^y$ 所确定,其中 f 二阶可导,且 $f' \neq 1$,求 $\dfrac{d^2 y}{dx^2}$.

31. (7′) 设 $\begin{cases} x = f'(t), \\ y = tf'(t) - f(t), \end{cases}$ 且 $f''(t) \neq 0$,求 $\dfrac{d^2 y}{dx^2}$.

二、微分(A:§2.5; B:§2.7, §2.8)

Ⅰ 内容要求

(ⅰ) 理解微分的概念,了解微分的概念中所包含的局部化线性思想.

(ⅱ) 了解微分的四则运算法则和一阶微分形式不变性.

(ⅲ) 自学微分在近似计算中的应用.

Ⅱ 基本题型

求函数的微分题型

32. (每题 5′) 求下列函数的微分:

(1) $y = \sqrt{x} \sin \dfrac{1}{x}$; (2) $y = e^{-x} \cos(3-x)$; (3) $y = \dfrac{x}{\sqrt{x^2+1}}$.

33. (每空 4′) 在下列等式左端的括号中填入适当的函数,使等式成立:

(1) $d(\quad) = 4x^2 dx$; (2) $d(\quad) = \sin \omega x \, dx$;

(3) $d(\quad) = \dfrac{1}{x+1} dx$; (4) $d(\quad) = e^{-2x} dx$.

34. (每空 4′) 填空题:

(1) $d(\ln x) = \underline{\qquad} d\left(\dfrac{1}{x}\right)$; (2) $d\left(\dfrac{1}{1+x^2}\right) = \underline{\qquad} d(\arctan x)$.

Ⅲ 提高题型

涉及微分在近似计算中的应用题型(自学)

35. (7′) 计算球体体积时,要求精确度在 2% 以内,问这时测量直径 D 的相对误差不能超过多少?

36. (7′) 已知单摆的振动周期 $T = 2\pi \sqrt{\dfrac{l}{g}}$,其中 $g = 980 \text{cm/s}^2$,$l(\text{cm})$ 为摆长,设原摆长为 20cm,为使周期 T 增大 0.05s,摆长约需加长多少?

测 试 卷 二

一、选择题（7×4'）

1. 函数 $y=f(x)$ 在 x_0 处连续是 $y=f(x)$ 在 x_0 处可导的（　　）
   A. 充分但非必要条件　　　　B. 必要但非充分条件
   C. 充分且必要条件　　　　　D. 既不充分也不必要条件

2. 设 $f(x)=\cos\dfrac{1}{x}$，则 $f'\left(\dfrac{1}{\pi}\right)=$（　　）
   A. π^2　　　B. $-\pi^2$　　　C. 0　　　D. 1

3. 设 $f(x+2)=e^x$，则 $f'(x)=$（　　）
   A. e^{x-2}　　　B. e^{x+2}　　　C. e^x-2　　　D. e^x+2

4. 设 $y=x-\ln y$，则 $y'=$（　　）
   A. $\dfrac{1}{1+y}$　　　B. $-\dfrac{1}{1+y}$　　　C. $\dfrac{y}{1+y}$　　　D. $-\dfrac{y}{1+y}$

5. 设 $y=\sin x$，则 $y''=$（　　）
   A. $\sin x$　　　B. $\cos x$　　　C. $-\sin x$　　　D. $-\cos x$

6. 设 $f(x)=\arctan x$，则 $\lim\limits_{x\to 0}\dfrac{f(1+\Delta x)-f(1)}{\Delta x}=$（　　）
   A. 1　　　B. -1　　　C. $\dfrac{1}{2}$　　　D. $-\dfrac{1}{2}$

7. 若函数 $f(x)=\begin{cases}x^2,&x\geq 0\\ \sin x,&x<0,\end{cases}$ 则在 $x=0$ 处（　　）
   A. 导数为 0　　　B. 导数为 1　　　C. 导数为 2　　　D. 导数不存在

二、填空题（3×4'）

1. 曲线 $y=e^x-3\sin x+1$ 在点 $(0,2)$ 处的切线方程为 _____．
2. $d(\sqrt{x^2+1})=$ _____ $d(\ln x)$．
3. 设 $f(x)=x^{2x}$，则 $f'(x)=$ _____．

三、计算题（4×7'）

1. 设 $y=\ln(\sec x+\tan x)$，求 y''．

2. 设 $y=y(x)$ 由 $xy-\ln y+1=0$ 所确定，求 $y'(0)$.

3. 设 $\begin{cases} x=a\cos^3 t, \\ y=a\sin^3 t, \end{cases}$ 求 $\dfrac{dy}{dx}$.

4. 设 $f(x)$ 在 $(-\infty,+\infty)$ 内可导，且 $F(x)=f(x^2-1)+f(1-x^2)$，求 $F'(1)$.

四、(9′) 设 $y=y(x)$ 是由方程 $\sin y+xe^y=1$ 所确定的隐函数，求函数曲线 $y=y(x)$ 在点 $M(1,0)$ 处的切线方程及法线方程.

五、(8′) 设 $f(x)=x(x-1)(x-2)\cdots(x-2005)$，求 $f'(0)$.

六、(8′) 一探照灯距公路最近点 A 处 500m,照到一辆汽车正经过 A 点,若汽车以 60km/h 的速度向前行驶,要使探照灯跟踪该汽车(如图),问当汽车距探照灯 1000m 时,探照灯转动的角速度是多少?

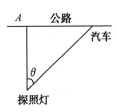

七、(两题选做一题,每题 7′)

1. 讨论函数 $f(x)=\begin{cases} \dfrac{x}{1+e^{\frac{1}{x}}}, & x\neq 0, \\ 0, & x=0 \end{cases}$ 在 $x=0$ 点的连续性及可微性.

2. 设函数 $f(t)$ 在 $t=1$ 点处具有连续的一阶导数,且 $f'(1)=2$.求:
$$\lim_{x\to 0}\frac{\mathrm{d}}{\mathrm{d}x}f(\cos\sqrt{x}).$$

第三章

微分中值定理与导数的应用

一、微分中值定理(§3.1，§3.3)

Ⅰ 内容要求

理解罗尔定理和拉格朗日中值定理，了解柯西中值定理，了解泰勒中值定理以及用多项式逼近函数的思想.

Ⅱ 基本题型

(i) 有关中值定理的验证性题型

1. (7′) 验证罗尔定理对 $y=\ln\sin x$ 在 $\left[\dfrac{\pi}{6}, \dfrac{5}{6}\pi\right]$ 上的正确性.

2. (7′) 试证明对函数 $y=px^2+qx+r$ 应用拉格朗日中值定理时所求得的点 ξ 总是位于区间的正中间.

3. (7′) 对 $f(x)=\sin x$ 及 $F(x)=x+\cos x$ 在 $\left[0,\dfrac{\pi}{2}\right]$ 上验证柯西中值定理的正确性.

4. (每题 4′) 选择题：

(1) 下列哪个函数在 $[-1,1]$ 区间上满足罗尔定理 （　　）

A. $y=x$　　　　B. $y=|x|$　　　　C. $y=x^2$　　　　D. $y=2^x$

(2) 若函数 $f(x)$ 在 (a,b) 内可导，x_1, x_2 是 (a,b) 内两点，且 $x_1<x_2$，则至少存在一点 $\xi\in(a,b)$，使得下列哪个等式一定成立 （　　）

A. $f(b)-f(a)=f'(\xi)(b-a)$　　　　B. $f(b)-f(x_1)=f'(\xi)(b-x_1)$

C. $f(x_2)-f(a)=f'(\xi)(x_2-a)$　　　　D. $f(x_2)-f(x_1)=f'(\xi)(x_2-x_1)$

5. (7′) 列举一个函数 $f(x)$ 满足：$f(x)$ 在 $[a,b]$ 上连续，在 (a,b) 内除某一点外处处可导，但在 (a,b) 内不存在点 ξ，使 $f(b)-f(a)=f'(\xi)(b-a)$.

(ii) 有关恒等式的证明问题

6. (6′) 证明恒等式：$\arcsin x+\arccos x=\dfrac{\pi}{2}, |x|\leqslant 1$.

7. (7′) 证明恒等式：$\arctan\dfrac{1+x}{1-x}-\arctan x=\dfrac{\pi}{4}, x\in(-1,1)$.

Ⅲ 提高题型

(i) 利用罗尔定理证明中值问题

8. (7′) 若函数 $f(x)$ 在 (a,b) 内具有二阶导数，且 $f(x_1)=f(x_2)=f(x_3)$，其中 $a<x_1<x_2<x_3<b$，求证：存在 $\xi\in(x_1,x_3)$，使得 $f''(\xi)=0$.

9. (7′) 证明：多项式 $f(x)=x^3-3x+a$ 在 $[0,1]$ 上不可能有两个零点.

10. ($7'$) 设 $f(x)$ 在 $[0,a]$ 上连续,在 $(0,a)$ 内可导,且 $f(a)=0$,证明:方程 $f(x)\cos x + f'(x)\sin x = 0$ 在 $(0,a)$ 内至少有一根.

(ii) 用拉格朗日中值定理证明夹边不等式

11. ($7'$) 设 $a>b>0$,$n>1$,求证:$nb^{n-1}(a-b)<a^n-b^n<na^{n-1}(a-b)$.

12. ($7'$) 证明:当 $x>0$ 时,有 $\dfrac{x}{1+x}<\ln(1+x)<x$.

二、洛必达法则($\S 3.2$)

Ⅰ 内容要求

(i) 掌握用洛必达法则求 $\dfrac{0}{0}$, $\dfrac{\infty}{\infty}$ 的方法.

(ii) 学会将简单的 $0\cdot\infty$, $\infty-\infty$, 1^{∞}, 0^0, ∞^0 未定式变形,再用洛必达法则解决.

Ⅱ 基本题型

(i) 用洛必达法则解决较简单的未定式

13. (每题 $7'$) 求下列极限:

(1) $\lim\limits_{x\to 1}\dfrac{x^m-1}{x^n-1}$;

(2) $\lim\limits_{x\to +\infty}\dfrac{x^2}{e^{3x}}$;

(3) $\lim\limits_{x\to 0^+}\dfrac{\ln\tan 7x}{\ln\tan 2x}$;

(4) $\lim\limits_{x\to \pi}\dfrac{e^{\pi}-e^{x}}{\sin 5x-\sin 3x}$.

14. (每题 $7'$) 求下列极限:

(1) $\lim\limits_{x\to +\infty}x\left(\dfrac{\pi}{2}-\arctan x\right)$;

(2) $\lim\limits_{x\to 0}\left[\dfrac{1}{x}-\dfrac{\ln(1+x)}{x^2}\right]$;

(3) $\lim\limits_{x\to 0^+}(\sin x)^x$;

(4) $\lim\limits_{x\to 0^+}(e^x+x)^{\csc x}$.

(ii) 使用洛必达法则无效的未定式问题

15. (每题 $7'$) 求下列极限:

(1) $\lim\limits_{x\to +\infty}\dfrac{e^x+e^{-x}}{e^x-e^{-x}}$;

(2) $\lim\limits_{x\to 0}\dfrac{\sin x^2 \cdot \cos\dfrac{1}{x}}{\tan x}$.

Ⅲ 提高题型

用洛必达法则解决较复杂的未定式题型

16. (每题 $7'$) 求下列极限:

(1) $\lim\limits_{x\to 1}\dfrac{x-x^x}{1-x+\ln x}$;

(2) $\lim\limits_{x\to \infty}\left(\dfrac{a_1^{\frac{1}{x}}+a_2^{\frac{1}{x}}+\cdots+a_n^{\frac{1}{x}}}{n}\right)^{nx}$ $(a_1,\cdots,a_n>0)$.

17. ($7'$) 设 $f''(x)$ 连续,证明:$\lim\limits_{h\to 0}\dfrac{f(x_0+h)+f(x_0-h)-2f(x_0)}{h^2}=f''(x_0)$.

18. ($7'$) 设 $f(x)$ 具有二阶连续导数,在 $x=0$ 的某去心邻域内 $f(x)\neq 0$,且 $\lim\limits_{x\to 0}\dfrac{f(x)}{x}=0$, $f''(0)=4$,求 $\lim\limits_{x\to 0}\left[1+\dfrac{f(x)}{x}\right]^{\frac{1}{x}}$.

三、函数的性态（§3.4，§3.5，§3.6，§3.7，§3.8）

Ⅰ 内容要求

(i) 理解函数的极值概念，掌握用导数判断函数的单调性和求极值的方法，并会求简单实际问题的最值.

(ii) 会用导数判断函数图形的凹凸性，会求拐点，会描绘一些简单函数的图象.

*(iii) 了解曲率和曲率半径的概念，会计算曲率和曲率半径.

(iv) 掌握用单调性证明单边不等式的方法，学会确定方程根的个数，并了解求方程近似解的二分法和切线法的思想.

Ⅱ 基本题型

(i) 用一阶导数符号确定函数的单调区间

19. （每题 6′）求下列函数的单调区间：

(1) $y = e^x - x - 1$；

(2) $y = (x-1)(x+1)^3$；

(3) $y = x^n e^{-x} (n > 0, x \geq 0)$；

(4) $y = \sqrt[3]{x^2}$.

(ii) 用极值的必要条件和两个充分条件确定函数的极值

20. （每题 2′）是非题：

(1) $y = f(x)$ 的驻点一定是其极值点； （　）

(2) 一阶导数不存在的点也可能成为极值点； （　）

(3) 函数在间断点处不可能取到极值. （　）

21. （4′）设 $f(x)$ 在 x_0 的某邻域有定义，且 $\lim\limits_{x \to x_0} \dfrac{f(x) - f(x_0)}{x^2} = A > 0$，则 $f(x_0)$ 必为 $f(x)$ 的 （　）

A. 极小值　　　B. 极大值　　　C. 极小点　　　D. 极大点

22. （每题 7′）确定下列函数的极值：

(1) $y = \arctan x - \dfrac{1}{2} \ln(1 + x^2)$；

(2) $y = e^x \cos x$；

(3) $y = (x-4) \cdot \sqrt[3]{(x+1)^2}$.

23. （7′）试问 a 为何值时，函数 $f(x) = a\sin x + \dfrac{1}{3}\sin 3x$ 在 $x = \dfrac{\pi}{3}$ 处取得极值？它是极大值还是极小值？

(iii) 用二阶导数确定函数图象的凹凸区间及拐点

24. （4′）若 $f(x)$ 在点 x_0 的某邻域内二阶可导，则 $f''(x_0) = 0$ 是 $(x_0, f(x_0))$ 为曲线 $y = f(x)$ 拐点的 （　）

A. 必要非充分条件　　　B. 充分非必要条件
C. 充要条件　　　D. 既不充分也不必要条件

25. （每题 7′）求下列函数图形的拐点及凹凸区间：

(1) $y = 3x^4 - 4x^3 + 1$；

(2) $y = xe^{-x}$；

(3) $y = \ln(x^2 + 1)$.

*（iv）求曲线的曲率及曲率半径

26.（每题 7′）求下列曲线在指定点处的曲率及曲率半径：
(1) $y=\ln\sec x$, $(0,0)$；
(2) $4x^2+y^2=4$, $(0,2)$．

Ⅱ 综合计算及应用题型

（i）涉及函数性态的综合题型

27.（8′）已知点 $(1,3)$ 是曲线 $y=x^3+ax^2+bx+c$ 的拐点，并且曲线在 $x=2$ 处有极值，求 a,b,c，并画图．

28.（7′）试确定 $y=k(x^2-3)^2$ 中 k 的值，使曲线拐点处的法线通过原点．

（ii）利用单调性证明比较简单的不等式

29.（7′）求证：当 $x>0$ 时，$1+x\ln(x+\sqrt{1+x^2})>\sqrt{1+x^2}$．

30.（7′）求证：当 $0<x<\dfrac{\pi}{2}$ 时，$\sin x+\tan x>2x$．

31.（7′）求证：当 $0<x<\dfrac{\pi}{2}$ 时，$\tan x>x+\dfrac{1}{3}x^3$．

（iii）用函数的单调性及零点定理研究方程根的问题

32.（4′）方程 $x^3-3x+1=0$ 在区间 $(0,1)$ 内　　　　　　　　　　　　（　）
A. 无实根　　　　B. 有唯一实根　　　　C. 有两个实根　　　　D. 有三个实根

33.（7′）求证方程 $x^3-3x^2+6x-1=0$ 在 $(0,1)$ 内有唯一实根．

34.（7′）设常数 $k>0$，求函数 $f(x)=\ln x-\dfrac{x}{e}+k$ 在 $(0,+\infty)$ 内零点的个数．

（iv）实际最值问题

35.（8′）要造一圆柱形油罐，体积为 V，问底半径 r 和高 h 等于多少时，才能使表面积最小？此时底直径与高的比是多少？

36.（8′）一房地产公司有 50 套公寓出租。当每套月租金定为 1000 元时，公寓会全部租出去。当每套月租金每增加 50 元时，就会多一套租不出去，而租出去的公寓每套每月需花费 100 元的维修费，试问房租定为多少可获得最大收入？

37.（8′）为了向宽为 64m 的河修建一条垂直的运河通道，以通过长为 125m 的船只（船只的宽不计），问航道至少开挖多宽方可使船只通过？

38.（8′）海洋公园中有一高为 2.5m 的鱼美人塑像，其底座高为 3m，为了观赏时对塑像张成的夹角最大（即看得最清楚），应该站在离底座脚多远的地方？（假设观赏者眼睛离地面之距为 1.7m）．

测 试 卷 三

一、选择题(7×4′)

1. 在区间[−1,1]上满足拉格朗日中值定理条件的函数是　　　　　　　　　（　）
   A. $y=\ln(x+1)$　　B. $y=\dfrac{\sin x}{x}$　　C. $y=|x^2|+5$　　D. $y=|x|$

2. 函数 $y=x\ln x$ 在区间　　　　　　　　　　　　　　　　　　　　　　　　　（　）
   A. $(0,+\infty)$ 内单调减　　　　　　　　B. $(0,+\infty)$ 内单调增
   C. $\left(0,\dfrac{1}{e}\right)$ 内单调减　　　　　　　　D. $\left(\dfrac{1}{e},+\infty\right)$ 内单调减

3. $x=0$ 是函数 $y=x^4$ 的　　　　　　　　　　　　　　　　　　　　　　　　（　）
   A. 极大值点　　B. 最大值点　　C. 最小值点　　D. 驻点但不是极值点

4. 函数 $y=f(x)$ 在区间 I 内有 $f'(x)>0, f''(x)<0$, 则 $y=f(x)$ 必为　　　（　）
   A. 单增的凹函数　　　　　　　　B. 单增的凸函数
   C. 单减的凹函数　　　　　　　　D. 单减的凸函数

5. 若 $y=f(x)$ 在 $x=0$ 的邻域内可导，且 $f'(0)=0, \lim\limits_{x\to 0}\dfrac{f'(x)}{x^2}=1$, 则有　（　）
   A. $f(0)$ 一定是 $f(x)$ 的极大值　　　B. $f(0)$ 一定是 $f(x)$ 的极小值
   C. $f'(0)$ 是 $f'(x)$ 的极大值　　　　D. $f'(0)$ 是 $f'(x)$ 的极小值

6. 方程 $x=\cos x$ 在 $(-\infty,+\infty)$ 内　　　　　　　　　　　　　　　　（　）
   A. 无实根　　　　　　　　　　　B. 有且仅有一个实根
   C. 有两个实根　　　　　　　　　D. 有两个以上的实根

7. 设 $f'(x)=[\varphi(x)]^3$, 其中 $\varphi(x)$ 在 $(-\infty,+\infty)$ 内可导，且 $\varphi'(x)>0$, 则必有 $f(x)$ 在 $(-\infty,+\infty)$ 内为　　　　　　　　　　　　　　　　　　　　　　　　　　（　）
   A. 单调增　　B. 单调减　　C. 凹的　　D. 凸的

二、填空题(3×4′)

1. $\lim\limits_{x\to 0}\dfrac{2x-\sin 2x}{x^3}=$ _____.

2. 曲线 $y=(1+x)e^{-x}$ 的水平渐近线为 _____.

3. 使点 $(1,3)$ 为曲线 $y=ax^3+bx^2$ 拐点的 $b-a=$ _____.

三、计算题(4×7′)

1. $\lim\limits_{x\to 0}(e^x+x)^{\frac{1}{x}}$.

2. $\lim\limits_{x\to 0}\dfrac{1}{x}\left(\dfrac{1}{x}-\cot x\right)$.

3. 求曲线 $y=xe^{-x}$ 的拐点及在拐点处的曲率.

4. 求 $y=(x-2)^2(x+1)^{\frac{2}{3}}$ 在 $[-2,2]$ 上的最值.

四、(9′) 求证：在区间 $\left(0,\dfrac{1}{2}\right)$ 内，恒有 $2x+(x-2)\arctan x-\left(x+\dfrac{1}{2}\right)\ln(1+x^2)>0$.

五、(8′) 已知曲线 $y=x^3+ax^2+bx+c$ 上有一拐点 $(1,-1)$ 且 $x=0$ 时曲线上点的切线平行于 x 轴，试确定 a,b,c.

六、(8′) 陆上 C 处的货物要运到江边 B 处,设江岸为一直线,C 到江岸的最近点为 A,C 到 A 之距为 30km,B 到 A 之距 100 公里,已知每公里陆地运费为水路运费的 2 倍;问:C 处的货物应运到江边哪一点 D 处,再转水运,才能使总费用最小?

七、(两题选做一题,每题 7′)

*1. 设 $a>0$,求曲线 $\begin{cases} x=a(\cos t+t\sin t), \\ y=a(\sin t-\cos t) \end{cases}$ 的曲率半径.

2. 若 $x^3-3ax+2b=0$,其中 $a>0, b^2<a^3$,求证:该方程有且仅有三个实根.

第四章

不 定 积 分

Ⅰ 内容要求

(i) 理解原函数与不定积分的概念及其关系.

(ii) 记忆基本积分表以及不定积分的线性运算性质.

(iii) 掌握不定积分第一换元积分法(凑微分法)、第二换元积分法(限于三角代换与简单的根式代换)以及分部积分法.

(iv) 掌握简单有理函数的不定积分,学会计算简单无理函数的不定积分.

(v) 知道初等函数的原函数一定存在,但有些初等函数的原函数不能表达成初等函数的形式.

Ⅱ 基本题型

(i) 涉及原函数与不定积分、微分与积分的关系问题

1. (4′) 已知：$F(x)$ 与 $G(x)$ 皆为 $f(x)$ 的原函数,则下式必定成立的是 （　　）

A. $F(x)+G(x)=C$ B. $F(x)-G(x)=C$

C. $F(x)\cdot G(x)=C$ D. $F(x)=C\cdot G(x)$

2. (4′) 设 $f(x)$ 的某一原函数为 $\sin x$,则 $f'(x)=$ （　　）

A. $-\sin x$ B. $\sin x$ C. $\cos x$ D. $-\cos x$

3. (4′) 下列式子中正确的是 （　　）

A. $d\int f(x)dx = f(x)$ B. $\int f'(x)dx = f(x)$

C. $\left[\int f(x)dx\right]' = f(x)$ D. $\int dx = 0$

(ii) 简单初等函数的不定积分计算题型

4. (每题 5′) 计算下列不定积分：

(1) $\int \dfrac{dx}{x\cdot\sqrt[3]{x}}$;

(2) $\int \dfrac{(x-1)^3}{x^2}dx$;

(3) $\int \dfrac{x^4}{1+x^2}dx$;

(4) $\int \tan x(\tan x+\sec x)dx$;

(5) $\int \dfrac{2^x+3^x}{6^x}dx$;

(6) $\int \dfrac{\cos 2x}{\cos^2 x\sin^2 x}dx$.

5. (每题 7′) 计算下列积分：

(1) $\int (\sin ax - e^{\frac{x}{b}})dx$;

(2) $\int \dfrac{1}{x^2-2x-3}dx$;

(3) $\int \dfrac{1}{4x^2+9}dx$;

(4) $\int \dfrac{2x+3}{4x^2+9}dx$;

(5) $\int \dfrac{1}{e^x + e^{-x}} dx$;

(6) $\int \cos^2 x \, dx$;

(7) $\int \sin^2 x \cdot \sin 2x \, dx$;

(8) $\int \dfrac{\sin^2 x}{\cos^4 x} dx$;

(9) $\int \tan^3 x \sec x \, dx$;

(10) $\int \dfrac{1}{x\sqrt{1+\ln x}} dx$.

6.（每题 7′）计算下列积分：

(1) $\int \dfrac{x}{1+\sqrt{1+x}} dx$;

(2) $\int \sqrt{a^2 - x^2} \, dx$;

(3) $\int \dfrac{1}{\sqrt{(x^2+1)^3}} dx$;

(4) $\int \dfrac{1}{x\sqrt{x^2-a^2}} dx$;

(5) $\int \dfrac{\arctan\sqrt{x}}{\sqrt{x}(1+x)} dx$.

7.（每题 7′）计算下列积分：

(1) $\int x e^{-2x} dx$;

(2) $\int x^2 \cos 3x \, dx$;

(3) $\int \ln x \, dx$;

(4) $\int \dfrac{\ln x}{x^2} dx$;

(5) $\int x^2 \arctan x \, dx$;

(6) $\int x \tan^2 x \, dx$;

(7) $\int e^{-x} \cos 2x \, dx$;

(8) $\int \ln \sqrt{x^2+1} \, dx$;

(9) $\int e^{\sqrt[3]{x}} dx$;

(10) $\int \sin(\ln x) \, dx$.

Ⅲ 提高题型

较复杂的不定积分计算题型

8.（每题 7′）求下列不定积分：

(1) $\int \dfrac{x \ln x}{(1+x^2)^2} dx$;

(2) $\int \dfrac{1+\ln x}{(x \ln x)^2} dx$;

(3) $\int \ln(x+\sqrt{x^2+1}) \, dx$;

(4) $\int \dfrac{x^2+1}{x^4+1} dx$.

9.（7′）若 $f(x)$ 的一个原函数为 $\dfrac{\sin x}{x}$，求 $\int x f'(x) dx$.

10.（7′）设 $f'(\ln x) = \begin{cases} 1, & 0 < x \leq 1 \\ x, & x > 1 \end{cases}$ 及 $f(0)=1$，求 $f(x)$.

测试卷 四

一、选择题(7×4′)

1. 若 $F(x)$ 为 $f(x)$ 的某一原函数,则必有 ( )

   A. $F'(x) = f(x)$
   B. $F'(x) = f(x) + C$
   C. $f'(x) = F(x)$
   D. $\int F(x) dx = f(x) + C$

2. 下列式子中正确的是 ( )

   A. $\int d f(x) = f(x)$
   B. $d\int f(x) dx = f(x) dx$
   C. $d\int f(x) dx = f(x)$
   D. $d\int f(x) dx = f(x) + C$

3. 若 $f(x)$ 的某一原函数为 $\dfrac{1}{x}$,则 $f'(x) =$ ( )

   A. $\ln x$
   B. $-\dfrac{1}{x^2}$
   C. $-\dfrac{2}{x^3}$
   D. $\dfrac{2}{x^3}$

4. 若 $\int f(x) dx = F(x) + C$,则必有 ( )

   A. $f'(x) = F(x)$
   B. $F'(x) = f(x)$
   C. $f'(x) = F(x) + C$
   D. $F'(x) = f(x) + C$

5. 若 $f(x)$ 的某一原函数为 $F(x)$,则 $\int f(a^x) \cdot a^x dx =$ ( )

   A. $\dfrac{1}{\ln a} F(a^x) + C$
   B. $F(a^x) + C$
   C. $\ln a F(a^x) + C$
   D. $F(a^x \ln a) + C$

6. $\int \dfrac{1}{\sin^2 x} d\sin x =$ ( )

   A. $-\csc x + C$
   B. $\csc x + C$
   C. $-\cot x + C$
   D. $\cot x + C$

7. 若 $F(x)$ 为 $f(x)$ 的一个原函数,则 $\int x f'(x) dx =$ ( )

   A. $xF'(x) - f(x) + C$
   B. $xF'(x) - F(x) + C$
   C. $xf'(x) - F(x) + C$
   D. $xf'(x) - f(x) + C$

二、填空题(3×4′)

1. $\int \ln x \, dx = \underline{\qquad}$.

2. 已知:$\int f(x) dx = \dfrac{1}{1+x^2} + C$,则 $\int x f(x) dx = \underline{\qquad}$.

3. $\int f(x) \cdot f'(x) dx = \underline{\qquad}$.

三、计算题($4 \times 7'$)

1. $\int \dfrac{1}{x^2-2x-8}\,\mathrm{d}x$.

2. $\int \dfrac{\sqrt{1-x^2}+\sqrt{1+x^2}}{\sqrt{1-x^4}}\,\mathrm{d}x$.

3. $\int \dfrac{1}{x^2\sqrt{x^2-9}}\,\mathrm{d}x$.

4. $\int \cos(\sqrt{x}-1)\,\mathrm{d}x$.

四、($9'$) 设 $f(x)$ 的一个原函数为 $\dfrac{2^x}{x^2}$,求 $\int xf'(x)\,\mathrm{d}x$.

五、($8'$) 曲线 $y=f(x)$ 上点 (x,y) 处的切线斜率与 x^3 成正比，并知该曲线通过 $A(1,6)$ 和 $B(2,-9)$，求该曲线的方程.

六、($8'$) 求不定积分 $\displaystyle\int\dfrac{\ln x}{\sqrt{x-1}}\mathrm{d}x$.

七、(两题选做一题，每题 $7'$)

1. 设 $f'(\ln x)=\dfrac{1}{1+x}$，且 $f(0)=0$，求 $f(x)$.

2. 试证明 $I_n=\displaystyle\int\dfrac{\mathrm{d}x}{\sin^n x}$（$n$ 为正整数且 $n\geqslant 2$）的递推公式为
$$I_n=\dfrac{-\cos x}{(n-1)\sin^{n-1}x}+\dfrac{n-2}{n-1}I_{n-2}.$$

第五章 定 积 分

一 定积分的概念及其性质（§5.1）

I 内容要求

(i) 理解定积分的概念及其几何意义，了解函数可积条件及定积分基本性质．

*(ii) 了解定积分的近似计算法（梯形法和抛物线法）的思想．

II 基本题型

涉及定积分概念与性质的题型

1. (4′) 下列等式中正确的是 （ ）

   A. $\dfrac{d}{dx}\displaystyle\int_a^b f(x)dx = f(x)$　　　　B. $\dfrac{d}{dx}\displaystyle\int_a^b f(x)dx = 0$

   C. $\displaystyle\int_a^b df(x) = 0$　　　　D. $\displaystyle\int_a^b dx = 0$

2. (4′) 用定积分估值定理估计 $\displaystyle\int_{-1}^{2} e^{-x^2}dx$ 的值在下列哪个区间内 （ ）

   A. $\left[1, \dfrac{1}{e^4}\right]$　　B. $[0, 3]$　　C. $[3e^{-4}, 1]$　　D. $[3e^{-4}, 3]$

3. (4′) 设 $f(x)$ 在 $[a,b]$ 内连续，则存在 $\xi \in (a,b)$，使得下列哪个等式成立 （ ）

   A. $\displaystyle\int_a^b f(x)dx = f(\xi)(b-a)$　　　　B. $\displaystyle\int_a^b f(x)dx = f'(\xi)(b-a)$

   C. $f(b) - f(a) = f(\xi)(b-a)$　　　　D. $f(b) - f(a) = f'(\xi)(b-a)$

4. (4′) $\displaystyle\int_0^a \sqrt{a^2 - x^2}\, dx = $ _____ $(a > 0)$．

III 提高题型

用定积分的定义计算定积分（自学）

5. （每题 7′）用定积分的定义计算：

   (1) $\displaystyle\int_a^b x\, dx$；　　　　(2) $\displaystyle\int_0^1 e^x\, dx$．

二、积分变上限函数（§5.2）

I 内容要求

理解变上限的定积分是变上限的函数，掌握对变上限定积分求导的方法．

Ⅱ 基本题型

(ⅰ) 涉及积分变上限函数求导的题型

6. (每题 2′) 是非题:

(1) 设 $F(x)$ 为连续函数 $f(x)$ 的一个原函数,则 $F(x) = \int_a^x f(t)\,dt$; ( )

(2) 设 $f(x)$ 为连续函数,则 $\int f(x)\,dx = \int_a^x f(t)\,dt + C$. ( )

7. 求下列函数的导数:

(1) (5′) $\dfrac{d}{dx}\int_0^{x^2} \sqrt{1+t^2}\,dt$;　　(2) (5′) $\dfrac{d}{dx}\int_{x^2}^{x^3} \dfrac{dt}{\sqrt{1+t^4}}$;

(3) (7′) $\begin{cases} x = \int_0^t \sin u^2\,du, \\ y = \int_{-t}^0 \cos u^2\,du, \end{cases}$ 求 $\dfrac{dy}{dx}$;

(4) (7′) 若 $\int_0^y e^{t^2}\,dt + \int_{x^2}^0 \dfrac{1}{\sqrt{1+t^3}}\,dt = 0$ 确定了 $y = y(x)$, 求 $\dfrac{dy}{dx}$.

(ⅱ) 含积分变上限函数的未定式题型

8. (每题 7′) 求下列极限:

(1) $\lim\limits_{x \to 0} \dfrac{\int_0^x (1-\cos t^2)\,dt}{x}$;　　(2) $\lim\limits_{x \to 0} \dfrac{x - \int_0^x \cos t^2\,dt}{x^5}$;

(3) $\lim\limits_{x \to 0} \dfrac{\left[\int_0^x e^{t^2}\,dt\right]^2}{\int_0^x t e^{2t^2}\,dt}$.

Ⅲ 综合计算题型

涉及积分变上限函数的微积分综合计算题型

9. (7′) 设 $f(t)$ 连续, $g(x) = x\int_0^x f(t)\,dt$, $f(0) = -1$, 求 $g''(0)$.

10. (7′) 设 $f(x)$ 在 $[a,b]$ 上连续, 在 (a,b) 内可导, 且 $f'(x) \leqslant 0$, 求证: 函数 $F(x) = \dfrac{1}{x-a}\int_a^x f(t)\,dt$ 在 (a,b) 内单调递减.

11. (8′) 设 $f(x)$ 在区间 $[a,b]$ 上连续, 且 $f(x) > 0$, 令 $F(x) = \int_a^x f(t)\,dt + \int_b^x \dfrac{dt}{f(t)}$, $x \in [a,b]$, 求证: (1) $F'(x) \geqslant 2$; (2) 方程 $F(x) = 0$ 在 (a,b) 内有且仅有一个根.

三、定积分的计算 (A: §5.3, §5.4; B: §5.3, §5.6)

Ⅰ 内容要求

(ⅰ) 记忆 N-L 公式, 掌握定积分的换元积分法与分部积分法.

(ⅱ) 记忆对称区间上连续奇、偶函数的定积分性质.

Ⅱ 基本题型

求初等函数的定积分题型

12. (每题 5′) 求下列函数的定积分：

(1) $\int_{-2}^{-\frac{1}{2}} \frac{1}{x} dx$;

(2) $\int_{4}^{9} \sqrt{x}(1+\sqrt{x}) dx$;

(3) $\int_{0}^{\frac{\pi}{2}} \tan^2 \theta d\theta$;

(4) $\int_{0}^{2} |x-1| dx$;

(5) $\int_{0}^{\pi} \sqrt{\sin^3 x - \sin^5 x} dx$;

(6) $\int_{0}^{\frac{\pi}{2}} \sqrt{1-\sin 2x} dx$;

(7) $\int_{\frac{\pi}{4}}^{1} \frac{dx}{\sqrt{1-x}-1}$;

(8) $\int_{0}^{\sqrt{2}a} \frac{x dx}{\sqrt{3a^2-x^2}}$;

(9) $\int_{\frac{1}{\sqrt{2}}}^{1} \frac{\sqrt{1-x^2}}{x^2} dx$;

(10) $\int_{0}^{\frac{2\pi}{\omega}} t \sin\omega t\, dt$;

(11) $\int_{1}^{4} \frac{\ln x}{\sqrt{x}} dx$;

(12) $\int_{0}^{\frac{1}{2}} \arcsin x\, dx$.

13. (每题 6′) 求下列函数的定积分：

(1) $\int_{-\pi}^{\pi} \cos kx \cdot \sin lx\, dx$;

(2) $\int_{-1}^{1} \frac{x^{2003}+1}{x^2+1} dx$;

(3) $\int_{-\pi}^{\pi} (\sin^3 x + 1)(e^x + e^{-x}) dx$.

14. (每题 6′) 求下列函数的定积分：

(1) $\int_{\frac{1}{e}}^{e} |\ln x| dx$;

(2) $\int_{0}^{4} e^{\sqrt{x}} dx$;

(3) $\int_{0}^{1} \ln(1+x^2) dx$;

(4) $\int_{0}^{\frac{\pi}{2}} e^{2x} \cos x\, dx$.

Ⅲ 综合计算题型

有关定积分的综合计算题型

15. (7′) 设 $f(x) = \begin{cases} \dfrac{1}{1+x}, & x \geqslant 0, \\ \dfrac{1}{1+e^x}, & x < 0, \end{cases}$ 求 $\int_{0}^{2} f(x-1) dx$.

16. (7′) 设连续函数 $f(x)$ 满足 $f(x) = x + x^2 \int_{0}^{2} f(x) dx$，求 $f(x)$.

17. (7′) 已知: $f(\pi) = 2, \int_{0}^{\pi} [f(x) + f''(x)] \sin x\, dx = 5$，求 $f(0)$.

18. (7′) 设 $f(x) = \int_{1}^{x^2} e^{-t^2} dt$，求 $\int_{0}^{1} x f(x) dx$.

19. (7′) 求 $f(x) = \int_{-1}^{x} \ln(1+t^2) dt$ 在 $[-1,1]$ 上的最值及拐点.

Ⅳ 提高题型

涉及定积分的证明题型

20. (7′) 若 $f(t)$ 是连续函数且为奇(偶)函数,求证:$\int_0^x f(t)dt$ 是偶(奇)函数.

21. (7′) 求证:$0 < \int_0^1 \frac{x}{\sqrt{1+x^4}}dx < \frac{\sqrt{2}}{2}$.

22. (7′) 设 $f(x),g(x)$ 在 $[-a,a]$ 上连续,$g(x)$ 为偶函数,且 $f(x)+f(-x)=A$,求证:$\int_{-a}^a f(x)g(x)dx = A\int_0^a g(x)dx$,并求 $\int_{-\frac{\pi}{2}}^{\frac{\pi}{2}} \frac{\cos x}{1+e^x}dx$.

23. (7′) 设 $I_n = \int_0^{\frac{\pi}{2}} x^n \cos x dx (n \geq 2$ 为正整数$)$,求证:$I_n = \left(\frac{\pi}{2}\right)^n - n(n-1)I_{n-2}$,并计算 I_4.

四 反常积分

Ⅰ 内容要求

(i) 了解两类反常积分及其收敛性定义.

(ii) 掌握无穷限反常积分算法,*会求简单的无界函数的反常积分.

Ⅱ 基本题型

(i) 反常积分的敛散性判断

24. (4′) 下列各反常积分收敛的是 ( )

A. $\int_1^{+\infty} \frac{dx}{\sqrt{x}}$
B. $\int_1^{+\infty} \sqrt{x}dx$
C. $\int_1^{+\infty} \frac{1}{x}dx$
D. $\int_1^{+\infty} \frac{1}{x^2}dx$

*25. (4′) 下列各反常积分收敛的是 ( )

A. $\int_0^1 \frac{1}{x}dx$
B. $\int_0^1 \frac{1}{x^2}dx$
C. $\int_0^1 \frac{1}{\sqrt{x}}dx$
D. $\int_1^{+\infty} \frac{1}{\sqrt{x}}dx$

(ii) 反常积分的计算

26. (每题 7′) 计算下列反常积分:

(1) $\int_1^{+\infty} \frac{1}{x^2+3x+2}dx$;

(2) $\int_{-\infty}^0 xe^{3x}dx$;

*(3) $\int_0^1 \frac{1}{\sqrt{1-x^2}}dx$.

Ⅲ 提高题型

无界函数反常积分的审敛法(自学)

27. (每题 7′) 判定下列反常积分的敛散性:

(1) $\int_1^3 \frac{dx}{\ln x}$;

(2) $\int_0^1 \frac{1}{\sqrt{x}}\sin\frac{1}{x}dx$.

测 试 卷 五

一、选择题($7 \times 4'$)

1. 下列等式中不正确的是 ( )

   A. $\int_a^b f(x)\mathrm{d}x = \int_a^b f(t)\mathrm{d}t$
   B. $\dfrac{\mathrm{d}}{\mathrm{d}x}\int_a^x f(t)\mathrm{d}t = f(x)$

   C. $\dfrac{\mathrm{d}}{\mathrm{d}x}\int_a^b f(x)\mathrm{d}x = f(x)$
   D. $\dfrac{\mathrm{d}}{\mathrm{d}x}\int_a^b f(x)\mathrm{d}x = 0$

2. 设 $f(x)$ 是 $[-a,a]$ 上的连续函数，则 $\int_{-a}^a f(x)\mathrm{d}x =$ ( )

   A. 0
   B. $2\int_0^a f(x)\mathrm{d}x$

   C. $2\int_{-a}^0 f(x)\mathrm{d}x$
   D. $\int_{-a}^0 f(x)\mathrm{d}x + \int_0^a f(x)\mathrm{d}x$

3. 设 $F(x) = \int_0^{x^2} \sin t^2 \mathrm{d}t$，则 $F'(x) =$ ( )

   A. $x^2 \sin x^2$
   B. $2x \sin x^2$

   C. $2x \sin x^4$
   D. $x^2 \sin x^4$

4. $\int_0^3 |x-1|\mathrm{d}x =$ ( )

   A. 0
   B. 1
   C. $\dfrac{5}{2}$
   D. 2

5. $\int_{-2}^2 \mathrm{e}^{-x^2}\cos x \mathrm{d}x =$ ( )

   A. 0
   B. $2\int_0^2 \mathrm{e}^{-x^2}\cos x \mathrm{d}x$

   C. $4\int_0^1 \mathrm{e}^{-x^2}\cos x \mathrm{d}x$
   D. $-2\int_0^2 \mathrm{e}^{x^2}\cos x \mathrm{d}x$

*6. 下列反常积分中发散的是 ( )

   A. $\int_1^{+\infty} \dfrac{1}{x^{\frac{3}{2}}}\mathrm{d}x$
   B. $\int_0^1 \dfrac{1}{x^{\frac{3}{2}}}\mathrm{d}x$
   C. $\int_0^1 \dfrac{1}{x^{\frac{2}{3}}}\mathrm{d}x$
   D. $\int_0^1 \dfrac{1}{\sqrt{x}}\mathrm{d}x$

7. $\int_{\frac{1}{e}}^{e} \dfrac{f(\ln x)}{x}\mathrm{d}x =$ ( )

   A. $\int_{\frac{1}{e}}^{e} f(t)\mathrm{d}t$
   B. $\int_{-1}^1 \dfrac{f(t)}{t}\mathrm{d}t$
   C. $\int_{-1}^1 f(t)\mathrm{d}t$
   D. $\int_{\frac{1}{e}}^{e} \dfrac{f(t)}{t}\mathrm{d}t$

二、填空题($3 \times 4'$)

1. 设 $\int_0^x f(t)\mathrm{d}t = x\cos x$，则 $f(x) =$ _____.

2. $\int_{-1}^1 x^3 \mathrm{e}^{|x|}\mathrm{d}x =$ _____.

3. $\int_0^{+\infty} \dfrac{1}{4+x^2}\mathrm{d}x =$ _____.

三、计算题（4×7'）

1. $\int_0^\pi \sqrt{\sin\theta - \sin^3\theta}\,d\theta$.

2. $\int_0^4 \dfrac{x+2}{\sqrt{2x+1}}\,dx$.

3. $\int_0^1 x\arctan x\,dx$.

4. $\int_1^{+\infty} \dfrac{\ln x}{x^2}\,dx$.

四、(8') 设 $f(x)=\begin{cases} 1+x^2, & x<0, \\ e^{-x}, & x\geqslant 0, \end{cases}$ 求 $\int_1^3 f(x-2)\,dx$.

五、(9′) 求证：$\int_0^{\frac{\pi}{2}} \frac{\sin x \, dx}{\sin x + \cos x} = \int_0^{\frac{\pi}{2}} \frac{\cos x}{\sin x + \cos x} dx$，并求出 $\int_0^{\frac{\pi}{2}} \frac{\sin x}{\sin x + \cos x} dx$ 的值.

六、(8′) 设 $\lim\limits_{x \to 0} \dfrac{\int_0^{x^2} t(e^{at}-1) dt}{1 - \cos x^3} = 1$，求 a 的值.

七、(两题选做一题，每题 7′)

1. 设函数 $f(x)$ 在 $[0,2]$ 上有二阶连续导数，$f(0) = f(2)$，$f'(2) = 1$，求：
$$\int_0^1 2x f''(2x) \, dx.$$

2. 求证：方程 $3x - 1 - \int_0^x \dfrac{1}{1+t^4} dt = 0$ 在区间 $(0,1)$ 内有唯一实根.

第六章 定积分的应用

一、定积分元素法

Ⅰ 内容要求

掌握科学技术问题中建立定积分表达式的元素法（微元法）.

二、几何应用

Ⅰ 内容要求

(i) 掌握直角坐标系下平面区域的面积计算.

(ii) 掌握直角坐标系下平面区域绕坐标轴旋转的旋转体体积计算，自学截面面积为已知的立体体积计算.

*(iii) 会求直角坐标下简单曲线的弧长.

Ⅱ 基本题型

(i) 直角坐标系下的平面区域面积计算

1. （每题 6'）求下列各曲线所围成的面积：

(1) $y=2x$ 与 $y=3-x^2$；

(2) $y=e^x, y=e^{-x}$ 与 $x=1$；

(3) $y=e^x, y=\ln x, x=1$ 与 y 轴.

(ii) 直角坐标系下平面区域绕坐标轴旋转的旋转体体积计算

2. （每题 7'）求下列平面区域按指定的坐标轴旋转一周所形成的旋转体体积：

(1) $y=x^2$ 与 $x=y^2$，y 轴；

(2) $\dfrac{x^2}{a^2}+\dfrac{y^2}{b^2}=1$，$x$ 轴或 y 轴；

(3) $x^2+(y-5)^2=16$，x 轴.

3. （7'）用定积分方法证明圆台的体积公式以及球缺的体积公式.

*(iii) 直角坐标系下简单曲线的弧长计算

4. （7'）计算曲线 $y=\ln x$ 上相应于 $\sqrt{3} \leqslant x \leqslant \sqrt{8}$ 的一段弧长.

5. （7'）计算 $y^2=2px$ 从顶点到点 $M(x,y)$ 的一段弧长.

Ⅲ 综合应用题型

关于几何量的综合计算题型

6. （8'）过点 $P(1,0)$ 作抛物线 $y=\sqrt{x-2}$ 的切线，该切线与抛物线及 x 轴围成的平面区域记为 D，求 D 绕 x 轴旋转生成的旋转体体积.

7. (8′) 由曲线 $xy=a(a>0)$ 与直线 $x=a,x=2a$ 及 x 轴所围成的平面区域 D 绕 x 轴旋转一周的体积 $V_x=\dfrac{2\pi}{a}$,试求 D 绕 y 轴旋转一周的体积 V_y.

8. (8′) 求位于曲线 $y=e^x$ 下方,该曲线过原点的切线的左方以及 x 轴上方之间的图形的面积.

9. (8′) 设有一截锥体,其高为 h,上、下底均为椭圆,椭圆的轴长分别为 $2a,2b$ 和 $2A$,$2B$,求此截锥体的体积.

10. (8′) 设抛物线 $y=ax^2+bx$ 是凸的曲线弧,且通过点 $M(1,3)$,为了使该抛物线与直线 $y=2x$ 所围成平面区域面积最小,试确定 a,b 的值.

11. (8′) 设抛物线 $y=ax^2+bx+c$ 通过原点,且当 $x\in[0,1]$ 时,$y\geqslant 0$,试确定 a,b,c 的值,使得该抛物线与直线 $x=1,y=0$ 所围面积为 $\dfrac{4}{9}$,且使该平面区域绕 x 轴旋转而成的旋转体体积最小.

Ⅳ 提高题型

(ⅰ) 极坐标系下几何量的计算(自学)

12. (7′) 求曲线 $\rho=a\sin\theta,\rho=a(\cos\theta+\sin\theta)(a>0)$ 所围成图形的面积.

13. (7′) 求心形线 $\rho=a(1+\cos\theta)$ 的全长.

(ⅱ) 用特殊元素法计算几何量

14. (7′) 求证:由平面图形 $0\leqslant a\leqslant x\leqslant b,0\leqslant y\leqslant f(x)$,绕 y 轴旋转形成的旋转体体积 $V=2\pi\int_a^b xf(x)dx$,并利用该题结论,计算 $y=\sin x(0\leqslant x\leqslant \pi)$ 和 x 轴所围成的图形绕 y 轴旋转所生成的旋转体体积.

15. (7′) 求由曲线 $y=\sqrt{1-x^2}(0\leqslant x\leqslant 1)$,直线 $y=1$ 及 $x=1$ 所围成的平面图形绕直线 $x=1$ 旋转所生成的旋转体体积.

16. (7′) 试写出由曲线 $y=x^2$ 及 $y=\sqrt{2x-x^2}$ 所围成的图形绕 x 轴旋转所得的旋转体表面积的积分表达式.

*三、物理应用(A:§6.3;B:§5.5)

Ⅰ 内容要求

会用定积分计算较简单的变力沿直线做功、水压力及引力问题.

Ⅱ 综合应用题型

简单物理量的定积分应用题型

17. (8′) 把一个带 $+q$ 电量的点电荷放在 x 轴上坐标原点处,它产生一个电场,这个电场对周围的电荷有作用力,求一个单位正电荷在电场中从 $x=a$ 处沿 x 轴移至 $x=b$ 处($a<b$)时,电场力 F 对它所做的功.

18. (8′) 有一等腰梯形闸门,它的两条底边各长 10m 和 6m,高为 20m,较长的底边与水面相齐,计算闸门的一侧所受的水压力.

19. (8′) 设有一长度为 l,线密度为 μ 的均匀细直棒,在棒的延长线上与棒的终端的距离为 a 处有一质量为 m 的质点 P,试求这细棒对质点 P 的引力.

测 试 卷 六

一、选择题(7×4′)

1. 由曲线 $y=f(x)$ 及 $y=x$ 所围成的夹在 $x=0$ 及 $x=1$ 之间的面积可表示为 (　　)

   A. $\int_0^1 [f(x)-x]dx$ 　　　　B. $\int_0^1 [x-f(x)]dx$

   C. $\int_0^1 |x-f(x)|dx$ 　　　　D. $\int_0^1 xf(x)dx$

2. 由 $y=x^2, y=0$ 及 $x=1$ 所围图形的面积为 (　　)

   A. 1 　　B. 2 　　C. $\frac{1}{3}$ 　　D. $\frac{1}{2}$

3. 由曲线 $y=e^x, y=e^{-x}$ 及直线 $y=e^2$ 所围平面区域的面积为 (　　)

   A. $2(e^2+1)$ 　　　　B. e^2-1

   C. e^2+1 　　　　D. $2(e^2-1)$

4. 若 $f(x) \geq g(x) \geq 0$,则由曲线 $y=f(x)$ 与 $y=g(x)$ 所围的夹在 $x=a$ 及 $x=b$ 之间的平面区域绕 x 轴旋转一周的体积为 (　　)

   A. $\int_a^b [f^2(x)-g^2(x)]dx$ 　　　　B. $\pi\int_a^b [f^2(x)-g^2(x)]dx$

   C. $\int_a^b [f^2(x)+g^2(x)]dx$ 　　　　D. $\pi\int_a^b [f^2(x)+g^2(x)]dx$

5. 由椭圆 $\frac{x^2}{a^2}+\frac{y^2}{b^2}=1 (a>b>0)$ 绕 y 轴旋转一周所生成的旋转体体积可表示为 (　　)

   A. $2\pi\int_0^a y^2 dx$ 　　　　B. $4\pi\int_0^a y^2 dx$

   C. $2\pi\int_0^b x^2 dy$ 　　　　D. $4\pi\int_0^b x^2 dy$

6. 由抛物线 $x=5y^2$ 与 $x=1+y^2$ 所围平面区域绕 x 轴旋转一周的体积为 (　　)

   A. $\frac{\pi}{8}$ 　　　　B. $\frac{\pi}{4}$

   C. $\frac{\pi}{2}$ 　　　　D. π

*7. 曲线 $y=\sqrt{x}$ 相应于 x 从 1 到 2 的一段弧长可表为 (　　)

   A. $\int_1^2 \sqrt{1+x}\,dx$ 　　　　B. $\int_1^2 \sqrt{1+\frac{1}{x}}\,dx$

   C. $\int_1^2 \sqrt{1+\frac{1}{4x}}\,dx$ 　　　　D. $\int_1^2 \sqrt{1+4x}\,dx$

二、填空题(3×4′)

1. $y=\frac{1}{x}$ 与 $y=x$ 及 $x=2$ 所围的平面面积为_____.

2. $y=\cos x$ 与 $y=\sin x$ 与直线 $x=0, x=\frac{\pi}{2}$ 所围的平面区域绕 x 轴旋转一周的体积为

*3. 将一个质点放在坐标 r 处,其所受的力与 r^2 成反比,比例系数为 k,当质点在该力作用下从坐标 a 处沿坐标轴移动到无穷远处,该力所做的功为 _____.

三、计算题($4\times 7'$)

1. 求抛物线 $y^2=4x$ 及其在点 $(1,2)$ 处的法线所围成的平面面积.

2. 求由曲线 $y^2=(x-1)^3$ 和直线 $x=2$ 所围成的图形绕 Ox 轴旋转所得的旋转体体积.

3. 设曲线 l_1 的方程为 $y=\ln x$,曲线 l_1 的一条切线 l_2 过原点,求曲线 l_1、切线 l_2 以及 x 轴所围的平面面积.

4. 求曲线 $xy=1$ 与直线 $x=1, x=2, y=0$ 所围平面区域绕 y 轴旋转一周所生成的旋转体体积.

四、(9′) 设抛物线 $y^2=2x$ 与直线 $y=x-4$ 所围成的平面区域为 D. 求：

（1）D 的面积；

（2）D 绕 x 轴旋转一周所生成的旋转体体积.

五、(8′) 设曲线方程为 $y=e^{-x}(x\geqslant 0)$，在此曲线上求一点 (x_0,e^{-x_0})，使得过该点的切线与两个坐标轴所围的平面区域面积最大.

***六、**(8′) 一物体按规律 $x=ct^3$ 做直线运动，介质的阻力与速度的平方成正比，计算物体由 $x=0$ 移至 $x=a$ 时，克服介质阻力所做功.

七、(两题选做一题,每题 7′)

1. 某立体上下底面平行且与 x 轴垂直,若平行于底的截面面积 $S(x)$ 为 x 的二次多项式,求证:该立体的体积 $V = \dfrac{h}{6}(B_1 + 4M + B_2)$,其中 h 为立体的高,B_1, B_2 分别是底面面积,M 为中截面面积.

2. 求 $x^2 + y^2 = 16$ 绕 $y = 5$ 旋转一周的旋转体体积.

教学进程表

学年第一学期　　课程——高等数学(A1)——部别　　专业(本科)　　班级

	周次	1	2	3	4	5	6	7	8	9	10	11	12	13	14	15	16	17	18	19	20	21	22	共计	备注
教学进程表	讲课																								
	分析讨论课																								
	试验课																								
	大作业及设计																								
	自学时数																								
	每周时数共计																								

教学内容和时数安排

周次	授课日期	教学内容	讲课	分析讨论	实验	大作业及设计	自学	测验
	月　日	第一章　函数与极限	2					
		§1　映射与函数						
	月　日	§2　数列的极限	2					
		§3　函数的极限						
		§4　无穷小与无穷大						
	月　日	§5　极限运算法则	2					
		§6　极限存在准则·两个重要极限						
	月　日	习题课		2				
	月　日	§7　无穷小的比较	2					
	月　日	习题课		2				
	月　日	§8　函数的连续性与间断点	2					
	月　日	§9　连续函数的运算与初等函数的连续性	2					
		§10　闭区间上连续函数的性质						
	月　日	习题课		2				
	月　日	第二章　导数与微分	2					
		§1　导数概念						
	月　日	§2　函数的求导法则(一)	2					
	月　日	§2　函数的求导法则(二)	2					
		§3　高阶导数						
	月　日	习题课		2				
	月　日	§4　隐函数及由参数方程所确定的函数的导数·相关变化率(一)	2					
	月　日	§4　隐函数及由参数方程所确定的函数的导数·相关变化率(二)	2					
	月　日	§5　函数的微分	2					
	月　日	习题课		2				
	月　日	第三章　微分中值定理与导数的应用	2					
		§1　微分中值定理						

续表

周次	授课日期	教学内容	教学时数					
			讲课	分析讨论	实验	大作业及设计	自学	测验
	月 日	§2 洛必达法则 §3 泰勒中值定理(自学)	2					
	月 日	习题课		2				
	月 日	§4 函数的单调性和曲线的凹凸性	2					
	月 日	§5 函数的极值和最大值、最小值	2					
	月 日	§6 函数图形的描绘 §7 曲率	2					
	月 日	§8 方程根的讨论及近似解	2					
	月 日	微分学习题课		2				
	月 日	第四章 不定积分 §1 不定积分的概念与性质	2					
	月 日	§2 换元积分法	2					
	月 日	习题课		2				
	月 日	§3 分部积分法	2					
	月 日	习题课		2				
	月 日	第五章 定积分 §1 定积分的概念与性质	2					
	月 日	§2 微积分基本公式	2					
	月 日	习题课		2				
	月 日	§3 定积分的换元法及分部积分法(一)	2					
	月 日	§3 定积分的换元法及分部积分法(二) §6 反常积分	2					
	月 日	定积分计算习题课		2				
	月 日	第六章 定积分的应用 §1 定积分的元素法 §2 定积分在几何上的应用(一)	2					
	月 日	§2 定积分在几何上的应用(二)	2					
	月 日	§3 定积分在物理学上的应用	2					
	月 日	总习题课		2				
授课共80学时								

《高等数学》A(1) 复习考试大纲

Ⅰ 总要求

本大纲适用于学习《高等数学》A 类的本科班理工类学生.考生应按本大纲的要求,了解或理解《高等数学》中函数、极限、连续、一元微积分的基本理论与概念;知道或记忆上述各部分所涉及的基本公式与基本定理;学会或掌握上述各部分的基本方法.应注意各部分知识的结构及知识的内在联系,应具有一定的抽象思维能力、逻辑推理能力、运算能力、空间想象能力,能运用基本的概念、基本的理论和基本的方法正确地推理证明,准确地计算,能综合运用所学的知识分析并解决一些常见的综合题及简单的实际问题.

本大纲对内容的要求由低到高,对概念和理论分为"了解"和"理解"两个层次;对公式和定理分为"知道"和"记忆"两个层次;对方法和运算分为"学会"和"掌握"两个层次.有较高要求层次的内容必须要求学生深入理解,牢固记忆,熟练掌握,能做到举一反三,涉及该内容的考核试题占整张试卷分量的 80%,其中基本试题占 70%,综合应用题占 30%. 较低层次要求的内容也是必不可少,只是在教学要求上低于前者,涉及该部分内容的考核试题占整张试卷的 20%,其中基本试题占 70%,提高题占 30%.

Ⅱ 内容要求及考试所占比例

一、函数与极限(约 15 分)

二、导数与微分(约 15 分)

三、微分中值定理与导数的应用(约 25 分)

四、不定积分(约 15 分)

五、定积分(约 20 分)

六、定积分的应用(约 10 分)

各章具体内容要求见题册(含带 * 的部分).

Ⅲ 试卷结构(满分 100 分)

1. 基本题型　　选择题　40% 左右

　　　　　　　　计算题　30% 左右

2. 综合应用题型——20% 左右

3. 提高题型——10% 左右

高等数学(A1)期末模拟试卷(一)

题号	一	二					三	四	五	六	总分
		1	2	3	4	5					
得分											

一、选择题(本大题共 10 小题,每题 $4'$,共 $40'$)

1. $\lim\limits_{x\to 0}\left(1-\dfrac{x}{2}\right)^{\frac{3}{x}}=$ ( )

   A. $e^{-\frac{1}{6}}$ B. $e^{-\frac{2}{3}}$ C. $e^{-\frac{3}{2}}$ D. e^{-6}

2. $y=\dfrac{\sin 2x}{x}$ 的水平渐近线为 ( )

   A. $y=0$ B. $y=1$ C. $y=2$ D. $x=0$

3. 设 $y=x-\dfrac{1}{2}\sin x$,则 $\dfrac{\mathrm{d}x}{\mathrm{d}y}=$ ( )

   A. $1-\dfrac{1}{2}\cos x$ B. $1-\dfrac{1}{2}\cos y$ C. $\dfrac{2}{2-\cos x}$ D. $\dfrac{2}{2-\cos y}$

4. 在区间 $[-1,2]$ 上满足拉格朗日中值定理条件的函数是 ( )

   A. $y=\dfrac{\cos x}{x-1}$ B. $y=|x|$ C. $y=\ln(x+1)$ D. $y=\tan\dfrac{x+1}{3}$

5. 若 $f(x)$ 在 x_0 处可导,且 $\lim\limits_{x\to x_0}\dfrac{f(x)-f(x_0)}{(x-x_0)^2}=-1$,则函数 $f(x)$ 在 $x=x_0$ 处 ( )

   A. 取得极小值 B. 取得极大值 C. 无极值 D. 不一定有极值

6. 函数 $y=f(x)$ 在 x_0 处可导是其在 x_0 处可微的 ( )

   A. 充分非必要条件 B. 必要非充分条件
   C. 充要条件 D. 既非充分也非必要条件

7. $\int xf''(x)\mathrm{d}x=$ ( )

   A. $xf(x)-f(x)+C$ B. $xf'(x)-f(x)+C$
   C. $xf(x)-f'(x)+C$ D. $xf'(x)-f'(x)+C$

8. 若 $\int_0^{+\infty}e^{kx}\mathrm{d}x$ 收敛,则必有 ( )

   A. $k>0$ B. $k\geqslant 0$ C. $k<0$ D. $k\leqslant 0$

9. 下列积分值不为零的是 ( )

   A. $\int_{-1}^{1}\dfrac{x^3}{1+x^2}\mathrm{d}x$ B. $\int_{-1}^{1}x\sin^{2004}x\,\mathrm{d}x$ C. $\int_{-1}^{1}e^{x^3}\mathrm{d}x$ D. $\int_{-1}^{1}(e^x-e^{-x})\mathrm{d}x$

10. 设 $f(x)$ 连续,曲线 $y=f(x)$ 与 x 轴围成三块面积 S_1,S_2,S_3,其中 S_1,S_3 在 x 轴的下方,S_2 在 x 轴的上方,若 $S_1=2S_2-q$,$S_2+S_3=p(p\neq q)$,则 $\int_a^b f(x)\mathrm{d}x=$ ( )

    A. $p+q$ B. $p-q$ C. $q-p$ D. $-p-q$

二、计算题(本大题共 5 小题,每题 6′,共 30′)

1. $\lim\limits_{x \to 1}\left(\dfrac{x}{x-1} - \dfrac{1}{\ln x}\right)$.

2. 求 $y = \ln\cos x$ 在点 x 处的曲率.

3. 设 $y = y(x)$ 是由方程 $e^{xy} - 2x - y = 3$ 所确定的隐函数,求 $\left.\dfrac{dy}{dx}\right|_{y=0}$.

4. $\displaystyle\int_2^3 \dfrac{1}{2x^2 + 3x - 2}\,dx$.

5. $\displaystyle\int \dfrac{x^3}{\sqrt{1-x^2}}\,dx$.

三、计算题(本题 8′)

在曲线 $y = x^2\ (x \geqslant 0)$ 上某点 A 处作一切线,使之与曲线以及 x 轴所围图形的面积为 $\dfrac{1}{12}$,试求:(1)切点 A 的坐标及过切点 A 的切线方程;(2)由上述所围平面图形绕 x 轴旋转一周所生成的旋转体体积.

四、证明题(本题 8′)

求证：当 $x \neq 0$ 时, $e^x > 1 + x$.

五、计算题(本题 6′)

设 $f(x) = \int_0^x \dfrac{\sin t}{\pi - t} dt$, 求 $\int_0^\pi f(x) dx$.

六、应用题(本题 8′)

小王晚上看书,书放在一张半径为 1m 的圆桌边缘,一只灯泡悬吊在圆桌的正上方.已知桌上任一点受到的照度与光线入射角(光线入射角与桌面垂直线之间的夹角)的余弦成正比,而与光源的距离平方成反比.小王在桌边看书欲想得到最亮的照度,灯泡应挂在桌面上方多高？

高等数学(A1)期末模拟试卷(二)

题号	一	二					三	四	五	六	总分
		1	2	3	4	5					
得分											

一、选择题(本大题共 10 小题,每题 $4'$,共 $40'$)

1. $\lim\limits_{x \to 0} \arctan \dfrac{1}{x} =$ (   )

   A. $-\dfrac{\pi}{2}$ B. 0 C. $\dfrac{\pi}{2}$ D. 不存在

2. 当 $x \to 0$,$\sin 2x$ 是关于 $\tan 3x$ 的 (   )

   A. 低阶无穷小   B. 等价无穷小
   C. 同阶但非等价无穷小   D. 高阶无穷小

3. $y = e^{1-x^2}$ 与 $x = 1$ 的交点为 P,则曲线 $y = e^{1-x^2}$ 在点 P 处的切线方程为 (   )

   A. $2x - y - 1 = 0$ B. $2x + y + 1 = 0$ C. $2x + y - 3 = 0$ D. $2x - y + 3 = 0$

4. 当 $x \to +\infty$ 时,$x^2, 2^x, x^{\frac{1}{2}}, \ln^2 x$ 趋于无穷大速度最快的是 (   )

   A. x^2 B. 2^x C. $x^{\frac{1}{2}}$ D. $\ln^2 x$

5. 设 $y = f(x)$,且 $f'(x^2) = \dfrac{1}{x^2}$,则 $dy =$ (   )

   A. $\dfrac{1}{x} dx$ B. $\dfrac{1}{x^2} dx$ C. $-\dfrac{2}{x^3} dx$ D. $\ln x \, dx$

6. 下列等式不成立的是 (   )

   A. $\dfrac{d}{dx} \int f(x) dx = f(x)$ B. $\dfrac{d}{dx} \int_a^x f(t) dt = f(x)$

   C. $\dfrac{d}{dx} \int_a^b f(x) dx = f(x)$ D. $\dfrac{d}{dx} \int_{a_1}^x f(t) dt = \dfrac{d}{dx} \int_{a_2}^x f(t) dt$

7. $\int \cot^2 \theta \, d\theta =$ (   )

   A. $-\csc \theta + C$ B. $-\csc \theta - \theta + C$ C. $\cot \theta - \theta + C$ D. $-\cot \theta - \theta + C$

8. 若 $y = f(x)$ 在 $[a, b]$ 上连续,则该函数在 $[a, b]$ 上一定满足 (   )

   A. 罗尔定理   B. 拉格朗日中值定理
   C. 泰勒中值定理   D. 介值定理

9. $\int_{-2}^{1} 3x |x| dx =$ (   )

   A. -7 B. $-\dfrac{7}{3}$ C. 9 D. 21

10. 令 $x = \sec \theta$,则 $\int \dfrac{1}{x \sqrt{x^2 - 1}} dx$ 可能化为 (   )

A. $\int d\theta$ B. $\int \sin\theta d\theta$ C. $\int \cot\theta d\theta$ D. $\int \csc\theta d\theta$

二、计算题(本大题共 5 小题,每题 6′,共 30′)

1. $\lim\limits_{x\to 0}\dfrac{\int_0^{x^2}(e^{-t^2}-1)dt}{x^6}$.

2. 求曲线 $y=\dfrac{2x}{\ln x}$ 的拐点.

3. 设 $\begin{cases} x=\ln(t+\sqrt{t^2+1}), \\ y=\sqrt{t^2+1}, \end{cases}$ 求 $\dfrac{dy}{dx}$.

4. $\int_1^{+\infty}\dfrac{1}{\sqrt{x}(1+x)}dx$.

5. $\int\dfrac{\arctan x}{x^2}dx$.

三、计算题(本题 8′)

记抛物线 $y^2=4x$ 与直线 $x+y=3$ 所围成的平面区域为 D. 求：

（1）D 的面积；

（2）D 绕 x 轴旋转一周所形成的旋转体体积.

四、计算题(本题 8′)

试确定方程 $2x^3-3x^2-12x+25=0$ 的实根个数.

五、证明题(本题 6′)

求证：若 $f(x)$ 是以 T 为周期的连续函数，则积分 $\int_a^{a+T} f(x)\mathrm{d}x$ 与 a 无关.

六、应用题(本题 8′)

到了繁殖季节，大马哈鱼要逆流向上到江河上游去产卵，而且在此过程中它要始终保持最小的能量消耗.生物学家研究发现，大马哈鱼以速度 v 逆流游了 t 时间后，消耗的能量 E 与 $v^3 t$ 成正比.现假设水流速度是 4km/h，大马哈鱼的游程为 200km，要使能量 E 消耗最少，大马哈鱼应保持怎样的速度 v 前进呢？

教学进程表

学年第一学期　　课程——高等数学(B1)——部别　　专业(本科)　　班级

	周次	1	2	3	4	5	6	7	8	9	10	11	12	13	14	15	16	17	18	19	20	21	22	共计	备注
教学进程表	讲课																								
	分析讨论课																								
	试验课																								
	大作业及设计																								
	自学时数																								
	每周时数共计																								

教学内容和时数安排

周次	授课日期	教学内容	讲课	分析讨论	实验	大作业及设计	自学	测验
	月　日	第一章　函数与极限 §1　函数	2					
	月　日	§2　数列的极限 §3　函数的极限 §4　无穷小与无穷大	2					
	月　日	§5　极限运算法则 §6　极限存在准则　两个重要极限	2					
	月　日	习题课		2				
	月　日	§7　无穷小的比较	2					
	月　日	习题课		2				
	月　日	§8　函数的连续性	2					
	月　日	§9　闭区间上连续函数的性质	2					
	月　日	习题课		2				
	月　日	第二章　导数与微分 §1　导数概念	2					
	月　日	§2　函数的和、积、商的求导法则	2					
	月　日	§3　反函数的复合函数的求导法则 §4　高阶导数	2					
	月　日	§5　隐函数的导数以及由参数方程所确定的函数的导数	2					
	月　日	习题课		1				
	月　日	§6　变化率问题举例及相关变化率	1					
	月　日	§7　函数的微分	2					
	月　日	习题课 §8　微分的应用(自学)		2				
	月　日	第三章　中值定理与导数的应用 §1　中值定理	2					
	月　日	§2　洛必达法则	2					
	月　日	习题课		2				

52

续表

周次	授课日期	教 学 内 容	教 学 时 数					
			讲课	分析讨论	实验	大作业及设计	自学	测验
	月 日	§3 泰勒中值定理(自学) §4 函数的单调性和曲线的凹凸性	2					
	月 日	§5 函数的极值和最大、最小值		2				
	月 日	§6 函数图形的描绘 §7 曲率	2					
	月 日	§8 方程的近似解	2					
	月 日	微分学习题课		2				
	月 日	第四章 不定积分 §1 不定积分的概念与性质	2					
	月 日	§2 换元积分法	2					
	月 日	习题课		2				
	月 日	§3 分部积分法	2					
	月 日	习题课		2				
	月 日	第五章 定积分 §1 定积分的概念与性质	2					
	月 日	§2 微积分基本公式	2					
	月 日	习题课		2				
	月 日	§3 定积分的换元法及分部积分法(一)	2					
	月 日	§3 定积分的换元法及分部积分法(二) §6 反常积分	2					
	月 日	习题课		2				
授课共70学时								

《高等数学》B(1) 复习考试大纲

Ⅰ 总要求

本大纲适用于学习《高等数学》B类的本、专科学生.考生应按本大纲的要求,了解或理解《高等数学》中函数、极限、连续、一元微积分的基本理论与概念;知道或记忆上述各部分所涉及的基本公式与基本定理;学会或掌握上述各部分的基本方法.应注意各部分知识的结构及知识的内在联系,应具有一定的抽象思维能力、逻辑推理能力、运算能力、空间想象能力,能运用基本的概念、基本的理论和基本的方法正确地推理证明,准确地计算,能综合运用所学的知识分析并解决一些常见的综合题及简单的实际问题.

本大纲对内容的要求由低到高,对概念和理论分为"了解"和"理解"两个层次;对公式和定理分为"知道"和"记忆"两个层次;对方法和运算分为"学会"和"掌握"两个层次.有较高要求层次的内容必须要求学生深入理解,牢固记忆,熟练掌握,能做到举一反三,涉及该内容的考核试题占整张试卷分量的80%,其中基本试题占70%,综合应用题占30%.较低层次要求的内容也是必不可少,只是在教学要求上低于前者,涉及该部分内容的考核试题占整张试卷的20%,其中基本试题占70%,提高题占30%.

Ⅱ 内容要求及考试所占比例

一、函数与极限(约20分)

二、导数与微分(约20分)

三、微分中值定理与导数的应用(约25分)

四、不定积分(约15分)

五、定积分(约20分)

各章具体内容要求见题册(不含带 * 的部分).

Ⅲ 试卷结构(满分100分)

1. 基本题型　　选择题　40%左右

　　　　　　　计算题　30%左右

2. 综合应用题型——20%左右

3. 提高题型——10%左右

高等数学(B1)期末模拟试卷(一)

题号	一	二				三	四	五	六	总分
		1	2	3	4					
得分										

一、选择题(本大题共10小题,每题4′,共40′)

1. 函数 $y = \dfrac{\ln x}{\sqrt{2-x}}$ 的定义域为 ( )

   A. $(0,2)$ B. $[0,2)$ C. $(0,2]$ D. $[0,2]$

2. 下列函数中,当 $x \to 0$ 时,与无穷小量 x 相比是高阶无穷小的是 ( )

   A. $\sin 2x$ B. $1-\cos x$ C. $\tan 3x$ D. $\arcsin 4x$

3. $\lim\limits_{x \to \infty}\left(1+\dfrac{2}{x}\right)^{-x} =$ ( )

   A. e^{-2} B. $e^{-\frac{1}{2}}$ C. $e^{\frac{1}{2}}$ D. e^2

4. 一阶导数不存在的点 ( )

   A. 必是极小点   B. 必是极大点   C. 可能是极值点   D. 必不是极值点

5. 函数 $y = ax^2 + c$ 在 $(0, +\infty)$ 内单调递增,则 a, c 应满足 ( )

   A. $a < 0$ 且 $c \neq 0$ B. $a < 0$ 且 $c \in \mathbf{R}$
   C. $a > 0$ 且 $c \neq 0$ D. $a > 0$ 且 $c \in \mathbf{R}$

6. 若 $\int f(x)\mathrm{d}x = F(x) + C$,则 $\int e^{-x} f(e^{-x})\mathrm{d}x =$ ( )

   A. $F(e^{-x}) + C$ B. $F(e^x) + C$
   C. $-F(e^{-x}) + C$ D. $-F(e^x) + C$

7. 下列函数中,在闭区间 $[-1,1]$ 上满足罗尔定理条件的是 ( )

   A. e^x B. e^{-x} C. $e^x - e^{-x}$ D. $e^x + e^{-x}$

8. 使 $\int_1^{+\infty} f(x)\mathrm{d}x = 1$ 成立的 $f(x)$ 为 ( )

   A. $\dfrac{1}{x}$ B. $\dfrac{1}{x^2}$ C. $\dfrac{1}{x+1}$ D. $\dfrac{1}{x^2+1}$

9. 设 $f(x)$ 为 $[a,b]$ 上的连续函数,则 $\int_a^b f(x)\mathrm{d}x - \int_a^b f(t)\mathrm{d}t$ 的值 ( )

   A. 小于零   B. 大于零   C. 等于零   D. 不能确定

10. $\int_0^2 \sqrt{4-x^2}\mathrm{d}x =$ ( )

    A. $\dfrac{\pi}{2}$ B. π C. 2π C. 4π

二、计算题(本大题共 4 小题,每题 7′,共 28′)

1. $\lim\limits_{x \to 0}\left(\dfrac{1}{x} - \dfrac{1}{e^x - 1}\right)$.

2. 设 $y = \cos(x + y)$,求 $\dfrac{dy}{dx}$.

3. $\int \dfrac{\ln x}{x^3} dx$.

4. $\int_4^7 \dfrac{x}{\sqrt{x-3}} dx$.

三、证明题(本题 8′)

求证:$x > 0$ 时,$\sin x > x - \dfrac{x^2}{2}$.

四、计算题（本题 $8'$）

设 $f(2x+1) = xe^x$，求 $\int_3^5 f(x)dx$.

五、计算题（本题 $7'$）

设 $F(x) = \begin{cases} \dfrac{1}{\ln(1+x^3)}\int_{-x}^{0} t^2 f(t)dt, & x \neq 0, \\ 3, & x = 0, \end{cases}$ 其中 $f(t)$ 为连续函数，为使 $F(x)$ 在 $x=0$ 处连续，试求 $f(0)$.

六、应用题（本题 $9'$）

设某工厂生产某种产品的日产量为 x 件，次品率为 $\dfrac{x}{x+100}$，若生产一件正品可获利 3 元，而出一件次品需损失 1 元，问日产量为多少时获利最大？

高等数学(B1)期末模拟试卷(二)

题号	一	二				三	四	五	六	总分
		1	2	3	4					
得分										

一、选择题(本大题共 10 小题,每题 $4'$,共 $40'$)

1. 函数 $y=\sqrt{x^2+1}\,(x\leqslant 0)$ 的反函数是 （   ）
   A. $\sqrt{x^2-1}$ B. $\sqrt{1-x^2}$ C. $-\sqrt{x^2-1}$ D. $-\sqrt{1-x^2}$

2. $y=\dfrac{2x+1}{x-3}$ 的水平渐近线是 （   ）
   A. $y=-\dfrac{1}{3}$ B. $y=-\dfrac{1}{2}$ C. $y=2$ D. $y=3$

3. $\lim\limits_{x\to\infty}\dfrac{\sin 2x}{x}=$ （   ）
   A. 0   B. 1   C. 2   D. ∞

4. 设 $f(x)=\begin{cases} x^2-1, & -1\leqslant x<0, \\ x, & 0\leqslant x<1, \\ 2-x, & 1\leqslant x\leqslant 2, \end{cases}$ 则 $f(x)$ （   ）
   A. 在 $x=0, x=1$ 处都间断
   B. 在 $x=0$ 处间断,$x=1$ 处连续
   C. 在 $x=0$ 处连续,$x=1$ 处间断
   D. 在 $x=0, x=1$ 处都连续

5. 设 $f(x)=\cos\dfrac{1}{x}$,则 $f'\left(\dfrac{1}{\pi}\right)=$ （   ）
   A. $-\pi^2$ B. 0   C. 1   D. π^2

6. 设 $y=f(x)$ 在区间 I 上二阶可导,且 $f'(x)<0, f''(x)>0$,则曲线 $y=f(x)$ 在区间 I 上 （   ）
   A. 单调减且为凹的
   B. 单调增且为凹的
   C. 单调减且为凸的
   D. 单调增且为凸的

7. 若 $f'(x^2)=\dfrac{1}{x}(x>0)$,则 $f(x)=$ （   ）
   A. $2x+C$ B. $\ln x+C$ C. $2\sqrt{x}+C$ D. $\dfrac{1}{\sqrt{x}}+C$

8. 函数 $f(x)$ 在区间 I 上连续是其在 I 上可积的 （   ）
   A. 充分但非必要条件
   B. 必要但非充分条件
   C. 充要条件
   D. 既非充分也非必要条件

9. 下列广义积分收敛的是 （   ）
   A. $\displaystyle\int_{-\infty}^{0}e^{-x}dx$ B. $\displaystyle\int_{e}^{+\infty}\dfrac{1}{x\ln x}dx$ C. $\displaystyle\int_{1}^{+\infty}\dfrac{1}{\sqrt{x}}dx$ D. $\displaystyle\int_{1}^{+\infty}\dfrac{1}{x\sqrt{x}}dx$

10. 设 $f(x)$ 为 $[-a,a]$ 内的连续函数，则 $\int_{-a}^{a}[f(x)-f(-x)+a]dx=$ (   )

A. 0   B. a C. $2a$ D. $2a^2$

二、计算题（本大题共 4 小题，每题 $7'$，共 $28'$）

1. $\lim\limits_{x\to 0}(1+\sin x)^{\frac{1}{x}}$.

2. 设 $y=y(x)$ 满足 $x^y=y^x$，求 $\dfrac{dy}{dx}$.

3. $\int \ln\sqrt[3]{x^2+1}\,dx$.

4. $\int_1^2 \dfrac{\sqrt{x^2+1}}{x}dx$.

三、证明题（本题 $8'$）

若 $a^2-3b<0$，求证：方程 $x^3+ax^2+bx+c=0$ 有唯一实根.

四、计算题(本题 8′)

若 $\int f(x)\,\mathrm{d}x = \dfrac{1}{2}\tan^2 x + C$,求 $\int \dfrac{1}{f(x)}\,\mathrm{d}x$.

五、计算题(本题 7′)

当 $x \to 0$ 时,$\int_0^{x^2} t(\mathrm{e}^{at}-1)\,\mathrm{d}t$ 与 $1-\cos x^3$ 互为等价无穷小,求 a.

六、应用题(本题 9′)

下水道的截面是矩形加半圆(即上部是一半圆形,下部是一矩形),当截面积 A 一定时,矩形的底边为多少时,周长才最小?

下 篇

第七章

空间解析几何与向量代数

一、向量代数（A：§7.1，§7.2；B：§7.1）

Ⅰ 内容要求

(i) 理解空间直角坐标系,掌握两点间距离公式、中点公式,自学定比分点公式.

(ii) 理解向量的概念（向量,单位向量,模,方向角,方向余弦,分向量与投影）及其坐标表达,了解向径的坐标表示与点坐标表示之间的关系.

(iii) 掌握向量的线性运算,数量积与向量积及其坐标表示,自学混合积.

(iv) 学会用向量代数方法解决有关向量间位置关系的问题.

Ⅱ 基本题型

(i) 有关空间直角坐标系下点坐标的问题

1. (4′)在空间直角坐标系中,指出下列各点在哪个卦限？
   (1) $(2,-3,4)$；   (2) $(2,3,-4)$；   (3) $(2,-3,-4)$；   (4) $(-2,-3,4)$.

2. (6′)若 $A(1,-1,3)$，$B(1,3,0)$，则 AB 中点坐标为_____；$|AB|=$_____.

3. (7′)求点 (a,b,c) 关于(1) 各坐标面；(2) 各坐标轴；(3) 坐标原点的对称点坐标.

4. (4′)若点 M 的坐标为 (x,y,z)，则向径 $\overrightarrow{OM}$ 用坐标可表示为_____.

5. (8′)一边长为 a 的立方体放置在 xOy 面上,其下底面的中心在坐标原点,底面的顶点在 x 轴和 y 轴上,求它各顶点的坐标.

6. (7′)已知 $A(-1,2,-4)$，$B(6,-2,t)$，且 $|\overrightarrow{AB}|=9$，求：(1) t 的值；(2) 线段 AB 的中点坐标.

(ii) 有关向量概念及向量线性运算的坐标表示

7. (8′)设已知两点 $M_1(4,\sqrt{2},1)$ 和 $M_2(3,0,2)$，计算 $\overrightarrow{M_1M_2}$ 的模、方向余弦、方向角及单位向量.

8. (6′)若 α,β,γ 为向量 $\boldsymbol{a}$ 的方向角,则 $\cos^2\alpha+\cos^2\beta+\cos^2\gamma=$_____；$\sin^2\alpha+\sin^2\beta+\sin^2\gamma=$_____.

9. (6′)设 $\boldsymbol{m}=(3,5,8)$，$\boldsymbol{n}=(2,-4,-7)$ 和 $\boldsymbol{p}=(5,1,-4)$，求向量 $\boldsymbol{a}=4\boldsymbol{m}+3\boldsymbol{n}-\boldsymbol{p}$ 在 x 轴上的投影及在 y 轴上的分向量.

10. (6′)已知点 P 的向径 $\overrightarrow{OP}$ 为单位向量,且与 z 轴的夹角为 $\dfrac{\pi}{6}$，另外两个方向角相等,求点 P 的坐标.

11. (6′) 已知向量 a 与各坐标轴成相等的锐角,若 $|a|=2\sqrt{3}$,求 a 的坐标.

(iii) 向量的数量积与向量积及其坐标运算

12. (4′) 下列关系式错误的是 ( )

A. $a \cdot b = b \cdot a$ B. $a \times b = -b \times a$ C. $a^2 = |a|^2$ D. $a \times a = 0$

13. (7′) 设 $a=(3,-1,2), b=(1,2,-1)$,求 $a \cdot b$ 与 $a \times b$.

14. (7′) 设 $a=(2,-3,2), b=(-1,1,2), c=(1,0,3)$,求 $(a \times b) \cdot c$.

(iv) 用向量的坐标来判断向量间的特殊位置关系,会求一向量在另一向量上的投影

15. (每题 4′) 确定下列各组向量间的位置关系:

(1) $a=(1,1,-2)$ 与 $b=(-2,-2,4)$;

(2) $a=(2,-3,1)$ 与 $b=(4,2,-2)$.

16. (7′) 求向量 $a=(4,-3,4)$ 在向量 $b=(2,2,1)$ 上的投影.

(v) 用向量积来计算有关平行四边形和三角形的面积问题

17. (7′) 已知:$\overrightarrow{OA}=i+3k, \overrightarrow{OB}=j+3k$,求 $\triangle OAB$ 的面积.

18. (7′) $\triangle ABC$ 三顶点在平面直角坐标系中的坐标分别为 $A(x_1, y_1), B(x_2, y_2), C(x_3, y_3)$,则如何用向量积的方法来求出 $\triangle ABC$ 的面积?

19. (7′) 试找出一个与 $a=(1,2,1), b=(0,1,1)$ 同时垂直的向量.

Ⅲ 综合计算题型

涉及代数向量(即用坐标表达式表示的具体向量)的综合计算问题

20. (10′) 已知三点 $M_1(2,2,1), M_2(1,1,1), M_3(2,1,2)$.(1) 求 $\angle M_1 M_2 M_3$ 的度数;(2) 求与 $\overrightarrow{M_1 M_2}, \overrightarrow{M_2 M_3}$ 同时垂直的单位向量.

21. (8′) 已知 $A(1,0,0), B(0,2,1)$,试在 z 轴上求一点 C,使 $\triangle ABC$ 的面积最小.

*Ⅳ 提高题型

用"几何向量"(即不涉及坐标表达式的向量)来处理有关向量问题

22. (7′) 已知:a,b,c 为单位向量,且满足 $a+b+c=0$,求 $a \cdot b + b \cdot c + c \cdot a$.

23. (7′) 设 $|a|=3, |b|=4, |c|=5$ 且 $a+b+c=0$,求 $a \cdot c$ 和 $|a \times b + b \times c + c \times a|$.

24. (8′) 设 $\overrightarrow{A}=2a+b, \overrightarrow{B}=ka+b$,已知 $|a|=1, |b|=2$,且 $(\widehat{a,b})=\theta, 0 \leq \theta < \pi$.

(1) 若 $\overrightarrow{A} \perp \overrightarrow{B}$,求 k 的值;

(2) θ 为何值时,以 $\overrightarrow{A}$ 与 $\overrightarrow{B}$ 为邻边的长方形面积为 4?

25. (7′) 设非零向量 a, b,求证:$\lim_{t \to 0} \dfrac{1}{t}(|a+bt|-|a|) = \text{Prj}_a b$.

二、平面方程(A:§7.5;B:§7.1)

Ⅰ 内容要求

(i) 掌握平面的法向量及点法式方程,了解平面其他形式的方程.

(ii) 掌握平面与平面特殊位置关系,了解夹角算法.

(iii) 学会计算点到平面的距离.

Ⅱ 基本题型

(i) 三点式平面方程的求法,根据一般式方程指出平面的特殊位置

26. (7′) 求过三点 $M_1(2,-1,4), M_2(-1,3,-2), M_3(0,2,3)$ 的平面方程.
若 $A(x_1,y_1,z_1), B(x_2,y_2,z_2), C(x_3,y_3,z_3)$ 不共线,你能给出过此三点的平面方程吗?

27. (每题 5′) 指出下列平面方程的位置特点,并作示意图:
(1) $y-3=0$; (2) $3y+2z=0$; (3) $x-2y+3z-8=0$.

(ii) 两平面垂直与平行的判定

28. (每题 4′) 判定下列两平面之间的位置关系:
(1) $x+2y-4z=0$ 与 $2x+4y-8z=1$;
(2) $2x-y+3z=1$ 与 $3x-2z=4$.

(iii) 两平面夹角的计算(夹角规定为 $[0,\frac{\pi}{2}]$)

29. (4′) 求两平面 $x-y+2z-6=0$ 和 $2x+y+z-5=0$ 的夹角.

(iv) 点到平面距离的计算

30. (4′) 点 $(1,2,3)$ 到平面 $3x+4y-12z+12=0$ 的距离 $d=$ _____.

31. (7′) 求 $Ax+By+Cz+D_1=0$ 与 $Ax+By+Cz+D_2=0$ 之间的距离.

(v) 用点法式方程建立平面方程

32. (每题 7′) 求满足下列条件的平面方程:
(1) 平行于 y 轴,且过点 $P(1,-5,1)$ 和 $Q(3,2,-1)$;
(2) 过点 $(1,2,3)$ 且平行于平面 $2x+y+2z+5=0$;
(3) 过点 $M_1(1,1,1)$ 和 $M_2(0,1,-1)$ 且垂直于平面 $x+y+z=0$.

三、直线方程(A:§7.6；B:§7.1)

Ⅰ 内容要求

(i) 掌握直线的方向向量及对称式方程,了解直线其他形式的方程.
(ii) 掌握直线与直线特殊位置关系的条件.
(iii) 学会计算点到直线的距离.

Ⅱ 基本题型

(i) 两点式直线方程的计算

33. (4′) 过点 $M_1(x_1,y_1,z_1), M_2(x_2,y_2,z_2)$ 的直线方程为 _____.

(ii) 一般式方程转化为对称式方程

34. (7′) 用对称式方程及参数式方程表示直线 $\begin{cases} x+y+z+1=0, \\ 2x-y+3z+4=0. \end{cases}$

(iii) 两直线平行或垂直的判定

35. (每题 4′) 判别下列各直线之间的位置关系:
(1) $L_1: -x+1=\frac{y+1}{2}=\frac{z+1}{3}$ 与 $L_2: \begin{cases} x=1+2t, \\ y=2+t, \\ z=3. \end{cases}$

(2) $L_1: -x=\dfrac{y}{2}=\dfrac{z}{3}$ 与 $L_2: \begin{cases}2x+y-1=0,\\ 3x+z-2=0.\end{cases}$

*(iv) 点到直线距离的计算

36. (7′) 求原点到 $\dfrac{x-1}{2}=y-2=\dfrac{z-3}{2}$ 的距离.

37. (7′) 设 M_0 是直线 L 外一点,M 是直线 L 上任意一点,且直线的方向向量为 s,试证:点 M_0 到直线 L 的距离 $d=\dfrac{|\overrightarrow{M_0M}\times s|}{|s|}$.

四、平面与直线综合题训练

I 基本题型

(i) 直线与平面的交点计算

38. (5′) 求直线 $x-2=y-3=\dfrac{z-4}{2}$ 与平面 $2x+y+z-6=0$ 的交点.

(ii) 已知点在已知平面的投影计算

39. (7′) 求点 $M(5,0,-3)$ 在平面 $\Pi: x+y-2z+1=0$ 上的投影.

(iii) 直线与平面特殊位置关系的判定

40. (4′) 设 $L: \dfrac{x-1}{-\sqrt{2}}=\dfrac{y+1}{1}=\dfrac{z+1}{-1}$ 与 $\Pi: 2x+\sqrt{2}y-\sqrt{2}z=2$,则 (　　)

A. $L\perp\Pi$ B. $L\!/\!/\Pi$ C. $L\cap\Pi=L$ D. L 与 Π 夹角为 $\dfrac{\pi}{4}$

*II 综合计算题型

涉及线面关系的综合计算

41. (7′) 求过点 $(2,0,-3)$ 且与直线 $\begin{cases}2x-2y+4z-7=0,\\ 3x+5y-2z+1=0\end{cases}$ 垂直的平面方程.

42. (7′) 求过点 $(0,2,4)$ 且与两平面 $x+2z=1$ 和 $y-3z=2$ 平行的直线方程.

43. (7′) 求过点 $(3,1,-2)$ 且通过 $\dfrac{x-4}{5}=\dfrac{y+3}{2}=\dfrac{z}{1}$ 的平面方程.

44. (7′) 已知直线 $L_1: x-1=\dfrac{y-2}{0}=\dfrac{z-3}{-1}$,直线 $L_2: \dfrac{x+2}{2}=\dfrac{y-1}{1}=\dfrac{z}{1}$,求过 L_1 且平行于 L_2 的平面方程.

*III 提高题型

(i) 已知点在已知直线上的投影问题

45. (7′) 求点 $M(4,1,-6)$ 关于直线 $L: \dfrac{x-1}{2}=\dfrac{y}{3}=\dfrac{z+1}{-1}$ 的对称点.

(ii) 已知直线在已知平面上投影直线方程的计算

46. (7′) 求直线 $\begin{cases}x+y-z-1=0,\\ x-y+z+1=0\end{cases}$ 在平面 $x+y+z=0$ 上的投影直线方程.

五、曲面与曲线及其方程（A：§7.3，§7.4；B：§7.1）

Ⅰ 内容要求

(i) 了解曲面方程的概念，*记忆常用二次曲面方程及其图形（球面、椭球面、锥面、抛物面）.

(ii) 了解母线平行于坐标轴的柱面方程；自学以坐标轴为旋转轴的旋转曲面的方程.

(iii) 了解曲线的一般式与参数式方程.

*(iv) 学会计算空间曲线在坐标平面的投影方程.

Ⅱ 基本题型

(i) 母线平行于坐标轴的柱面方程与平面直角坐标系下曲线方程的区别

47. （每题 5′）指出下列方程在平面解析几何中和空间解析几何中分别表示什么图形？
(1) $x=3$；(2) $2x+y=4$；(3) $x^2+y^2=1$；(4) $y=x^2$.

*(ii) 常用二次曲面的草图画法及图形辨识

48. （每题 5′）说出下列二次曲面的名称，并作草图：
(1) $(x+1)^2+(y-2)^2+(z-3)^2=1$；
(2) $x^2+y^2+\dfrac{z^2}{4}=1$；
(3) $z=\sqrt{x^2+y^2}$；
(4) $z=\dfrac{x^2}{4}+y^2$；
(5) $z=4-x^2-y^2$.

*(iii) 空间曲线在坐标平面上的投影方程计算

49. （5′）求 $\begin{cases} z=\sqrt{4-x^2-y^2}, \\ z=\sqrt{3(x^2+y^2)} \end{cases}$ 在 xOy 面上的投影方程.

Ⅲ 提高题型

(i) 旋转曲面方程的计算（自学）

50. （7′）将 xOz 坐标面上的双曲线 $\dfrac{x^2}{a^2}-\dfrac{z^2}{c^2}=1$ 分别绕 z 轴和 x 轴旋转一周，求所生成的旋转曲面方程.

51. （4′）方程 $2x^2+2y^2+3z^2=9$ 在空间直角坐标系中表示 （　　）
A. 球面　　　B. 非旋转椭球面　　C. 旋转椭球面　　D. 椭圆抛物面

52. （7′）设过点 $(1,0,0)$ 且平行于 z 轴的直线为 L，在 yOz 面内，有一抛物线段 $y=1-z^2(-1\leqslant z\leqslant 1)$，求此曲线段绕直线 L 旋转所得曲面 Σ 的方程.

(ii) 画出各曲面所围成的立体图形（自学）

53. （7′）$x=0,y=0,z=0,x=2,y=1,3x+4y+2z-12=0$.

54. （7′）$z=\sqrt{x^2+y^2}$ 及 $z=2-x^2-y^2$.

测试卷七

一、选择题（7×4'）

1. 点(a,b,c)关于y轴的对称点的坐标为 （　）
   A. $(-a,-b,-c)$　　B. $(-a,b,-c)$　　C. $(-a,b,c)$　　D. $(a,-b,c)$

2. 下列哪组角可以作为某个空间向量的方向角 （　）
   A. $30°,45°,60°$　　B. $45°,60°,90°$　　C. $60°,90°,120°$　　D. $45°,90°,135°$

3. $x^2+2y^2=1$在空间直角坐标系下表示 （　）
   A. 椭圆　　B. 圆柱面　　C. 椭圆柱面　　D. 圆锥面

4. 设e_a,e_b为与a,b同向的单位向量，则$\text{Prj}_a b=$ （　）
   A. $e_a \cdot b$　　B. $e_a \times b$　　C. $e_a \cdot e_b$　　D. $e_a \times e_b$

5. 平面$x+\sqrt{26}y+3z-3=0$与xOy面的夹角为 （　）
   A. $\dfrac{\pi}{6}$　　B. $\dfrac{\pi}{4}$　　C. $\dfrac{\pi}{3}$　　D. $\dfrac{\pi}{2}$

6. 直线$L:\dfrac{x-2}{3}=\dfrac{y+2}{1}=\dfrac{z-3}{-4}$与平面$\Pi:x+y+z=3$的位置关系为 （　）
   A. 平行　　B. 垂直　　C. 斜交　　D. L在平面Π上

*7. 方程$z=\dfrac{x^2}{9}+\dfrac{y^2}{4}$在空间解析几何中表示 （　）
   A. 旋转椭球面　　B. 椭圆抛物面　　C. 旋转抛物面　　D. 椭圆柱面

二、填空题（3×4'）

1. 过点$M(1,2,3)$且与yOz坐标面平行的平面方程为_____．

2. 若$|a|=4,|b|=2,a\cdot b=4\sqrt{2}$，则$|a\times b|=$_____．

3. 点$(1,2,1)$到平面$x+2y+2z-10=0$的距离为_____．

三、计算题（4×7'）

1. 试指出$\begin{cases}\dfrac{x^2}{4}+\dfrac{y^2}{9}=1,\\ x=2\end{cases}$在平面直角坐标系与空间直角坐标系中分别表示什么图形．

2. 设$a=\{2,-3,1\},b=\{1,-1,3\},c=\{1,-2,0\}$，求$(a\times b)\cdot c$．

3. 求点$(-1,2,0)$在平面$x+2y-z+1=0$上的投影.

4. 求k的值,使直线$\dfrac{x-3}{2k}=\dfrac{y+1}{k+1}=\dfrac{z-3}{5}$与直线$\dfrac{x-1}{3}=y+5=\dfrac{z+2}{k-2}$相互垂直.

四、(9′) 求平面$\dfrac{x}{a}+\dfrac{y}{b}+\dfrac{z}{c}=1$被三个坐标平面所截得的三角形面积$(abc\neq 0)$,并求该平面与三个坐标平面所围的立体体积.

*五、(8′) 求过点$(2,0,1)$且与直线$\begin{cases}2x-3y+z-6=0,\\ 4x-2y+3z+9=0\end{cases}$平行的直线方程.

六、(8′) 求证：直线 $\begin{cases} 5x-3y+2z-5=0, \\ 2x-y-z-1=0 \end{cases}$ 包含在平面 $4x-3y+7z-7=0$ 内.

七、(两题选做一题,每题 7′)

*1. 设 a 与 b 是非零向量，$|b|=1$, $(\widehat{a,b})=\dfrac{\pi}{4}$, 求 $\lim\limits_{x\to 0}\dfrac{|a+xb|-|a|}{x}$.

*2. 求点 $(2,3,1)$ 关于直线 $x+7=\dfrac{y+1}{2}=\dfrac{z+2}{3}$ 的对称点坐标.

第八章

多元函数微分法及其应用

一、多元函数的基本概念（A：§8.1；B：§7.2，§7.3）

Ⅰ 内容要求

(i) 理解二元函数的概念，理解二元函数的几何意义；了解 n 维空间、多元函数概念（自学）．

(ii) 掌握简单的多元初等函数定义域的计算；了解二元函数极限．

(iii) 简单了解连续的概念以及有界闭域上连续函数的性质．

Ⅱ 基本题型

(i) 二元函数解析表达式的确定

1. (4′) 设 $f(x,y)=xy$，则 $f(x+y,x-y)=$ _____．

2. (4′) 若 $f(x+y,x-y)=x^2+y^2$，则 $f(x,y)=$ _____．

(ii) 多元初等函数定义域的计算

3. (每题 4′) 求下列多元函数的定义域：

(1) $z=\ln[(y-x)\sqrt{2x-y}]$；

(2) $u=\sqrt{R^2-x^2-y^2-z^2}+\dfrac{1}{\sqrt{x^2+y^2+z^2-r^2}}(R>r>0)$．

(iii) 简单的二元初等函数极限计算

4. (每题 5′) 求下列各极限：

(1) $\lim\limits_{(x,y)\to(1,1)}\dfrac{\ln(e^2+e^y)}{1+\ln(x+y)}$；

(2) $\lim\limits_{(x,y)\to(0,0)}\dfrac{\sqrt{xy+9}-3}{\sqrt{xy+4}-2}$；

(3) $\lim\limits_{(x,y)\to(0,0)}\dfrac{x+2y}{3x-y}$．

(iv) 简单的二元初等函数连续问题

5. (4′) 是非题：

一切二元初等函数在定义域内都连续． ( )

6. (每题 5′) 求下列函数的间断点：

(1) $z=\ln|x^2+y^2-1|$；

(2) $z=\dfrac{1}{\sqrt{x^2-y^2}}$．

Ⅲ 提高题型
用定义讨论连续问题

7. (7') 证明：$f(x,y)=\begin{cases}\dfrac{xy}{x^2+y^2}, & (x,y)\neq(0,0),\\ 0, & (x,y)=(0,0)\end{cases}$ 在 $(0,0)$ 处不连续.

8. (7') 证明：$f(x,y)=\begin{cases}\dfrac{xy}{\sqrt{x^2+y^2}}, & (x,y)\neq(0,0),\\ 0, & (x,y)=(0,0)\end{cases}$ 在 $(0,0)$ 处连续.

二、偏导数（A：§8.2，§8.4，§8.5；B：§7.4，§7.6，§7.7）

Ⅰ 内容要求
(i) 理解二元函数偏导数的概念，记忆偏导与连续的关系.
(ii) 掌握具有明确解析式的多元初等函数偏导数及二阶偏导数的计算.
(iii) 掌握二元复合函数一阶偏导数的链式法则，学会计算二阶偏导数.
(iv) 了解隐函数概念及其存在定理，学会计算一元、二元隐函数一阶偏导.

Ⅱ 基本题型
(i) 多元初等函数的偏导计算

9. （每题 7'）求下列函数的偏导数或偏导数值：

(1) $z=\sqrt{\ln(xy)}$，求 $\dfrac{\partial z}{\partial x}$；

(2) $z=\tan^2\dfrac{x}{y}$，求 $\dfrac{\partial z}{\partial x},\dfrac{\partial z}{\partial y}$；

(3) 设 $f(x,y)=x+(y-1)\arcsin\sqrt{\dfrac{x}{y}}$，求 $f_x(x,1)$；

(4) 设 $u=x^{y^z}$，求 $u_x(3,2,2),u_y(3,2,2),u_z(3,2,2)$；

(5) 设 $z=(1+xy)^y$，求 z_x,z_y.

10. （每题 7'）求下列函数的二阶偏导数或偏导数值：

(1) 设 $z=x^3y^2-3xy^3-xy+1$，求 $\dfrac{\partial^2 z}{\partial x\partial y},\dfrac{\partial^2 z}{\partial y\partial x},f_{xx}(1,0)$；

(2) 设 $z=\arctan\dfrac{y}{x}$，求 $\dfrac{\partial^2 z}{\partial x^2},z_{xy}$.

11. (7') 验证函数 $z=\ln\sqrt{x^2+y^2}$ 满足方程 $\dfrac{\partial^2 z}{\partial x^2}+\dfrac{\partial^2 z}{\partial y^2}=0$.

(ii) 复合函数的偏导计算

12. (7') 设 $z=e^u\sin v$，而 $u=xy,v=x+y$，求 $\dfrac{\partial z}{\partial x},\dfrac{\partial z}{\partial y}$.

13. (7') 设 $z=uv+\sin 2t$，而 $u=\ln t,v=t$，求全导数 $\dfrac{dz}{dt}$.

14. (7') 设 $z=f(xy^2,x^2y)$，求 $\dfrac{\partial z}{\partial x},\dfrac{\partial z}{\partial y}$.

15. (7') 设 $z=x^2 f(\sin x,\cos y)$，求 $\dfrac{\partial z}{\partial x},\dfrac{\partial z}{\partial y},\dfrac{\partial^2 z}{\partial x\partial y}$.

16. (7′) 设 $z=xy+xF(u)$,而 $u=\dfrac{y}{x}$,$F(u)$ 为可导函数,求证: $x\dfrac{\partial z}{\partial x}+y\dfrac{\partial z}{\partial y}=z+xy$.

17. (7′) 设 $z=f[\varphi(x)+y]$,其中 f,φ 具有二阶连续偏导数,求 z_{xy}.

(iii) 一元、二元隐函数的偏导计算(*含方程组所确定的简单隐函数)

18. (7′) 设 $\sin y+e^x-xy^2=0$,求 $\dfrac{dy}{dx}$.

19. (每题 7′) 计算二元隐函数的偏导:

(1) 设 $x^2+y^2+z^2-4z=0$,求 $\dfrac{\partial z}{\partial x},\dfrac{\partial z}{\partial y}$;

(2) 设 $\dfrac{x}{z}=\ln\dfrac{z}{y}$,求 z_x,z_y.

20. (7′) 证明:由 $\sin(cx-az)+\cos(cy-bz)=0$ 所确定的隐函数 $z=f(x,y)$ 满足 $a\dfrac{\partial z}{\partial x}+b\dfrac{\partial z}{\partial y}=c$.

*21. (7′) 设 $\begin{cases} xu-yv=0, \\ yu+xv=1. \end{cases}$ 求 $\dfrac{\partial u}{\partial x},\dfrac{\partial v}{\partial y}$.

*22. (7′) 设 $\begin{cases} x+y+z=1, \\ x^2+y^2+z^2=1. \end{cases}$ 求 $\dfrac{dz}{dx},\dfrac{dz}{dy}$.

Ⅲ 提高题型

(i) 用定义计算分段函数的偏导

23. (7′) 证明: $f(x,y)=\begin{cases} \dfrac{x^2}{\sqrt{x^2+y^2}}, & x^2+y^2\neq 0, \\ 0, & x^2+y^2=0 \end{cases}$ 在点 $(0,0)$ 连续,但 $f_x(0,0)$ 不存在.

(ii) 较复杂的复合函数二阶偏导计算

24. (7′) 设 $z=f\left(x^2,\dfrac{x}{y}\right)$,$f$ 具有二阶连续的偏导数,求 $\dfrac{\partial^2 z}{\partial x\partial y}$.

25. (7′) 设 $f(x,y)$ 可微,且已知 $f(1,2)=2,f_x(1,2)=3,f_y(1,2)=4$,若设 $\varphi(x)=f[x,f(x,2x)]$,求 $\varphi'(1)$.

(iii) 混合函数偏导计算

26. (7′) 设 $f(x,y,z)=x^2yz^3$,其中 $z=z(x,y)$ 由方程 $x^2+y^2+z^2-3xyz=0$ 所确定,求 $f_x(1,1,1)$.

27. (7′) 设 $\Phi(u,v)$ 具有连续偏导数,证明:由 $\Phi(cx-az,cy-bz)=0$ 所确定的函数 $z=f(x,y)$ 满足 $a\dfrac{\partial z}{\partial x}+b\dfrac{\partial z}{\partial y}=c$.

*28. (7′) 设 $\begin{cases} u=f(ux,v+y), \\ v=g(u-x,v^2y), \end{cases}$ 其中 f,g 具有一阶连续偏导数,求 $\dfrac{\partial u}{\partial x},\dfrac{\partial v}{\partial x}$.

三、全微分（A：§8.3；B：§7.5）

Ⅰ 内容要求

(i) 了解全微分的概念,记忆全微分存在的必要条件和充分条件.

(ii) 按掌握偏导数计算的要求,掌握全微分计算.

(iii) 学会用全微分形式不变性计算全微分.

Ⅱ 基本题型

(i) 涉及多元函数连续,偏导,全微分关系的选择题

29. 记忆下述推理框图：

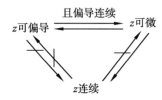

由此框图可编出许多选择题,请同学们自编自考,并和一元函数连续、可导、可微的关系比较.

(ii) 全微分的基本计算

30. （每题 $7'$）求下列函数的全微分 dz（可用两种方法）：

(1) $z = \dfrac{y}{\sqrt{x^2+y^2}}$;

(2) $z = \arcsin \dfrac{y}{x}$;

(3) $2x^2 + 3y^2 + 4z^2 = 1$;

(4) $\dfrac{x}{z} = \ln \dfrac{z}{y}$.

Ⅲ 提高题型

用定义计算分段函数的全微分

31. (1) ($7'$) 设 $\varphi(x,y)$ 连续, $\varphi(0,0)=0$, $\psi(x,y)=|x-y|\varphi(x,y)$,试研究 $\psi(x,y)$ 在 $(0,0)$ 处的可微性;

(2) ($7'$) 设 $z = \begin{cases} \dfrac{x^2 y}{x^2+y^2}, & x^2+y^2 \neq 0 \\ 0, & x^2+y^2=0 \end{cases}$,求 dz;并讨论在 $(0,0)$ 处,函数是否连续？是否可偏导？是否可微？

四、多元函数微分学的应用（A：§8.6，§8.7，§8.8；B：§8.3，§8.4，§8.5）

(一) 几何问题

Ⅰ 内容要求

(i) 记忆曲线在一点处的切向量公式以及曲面在一点处法向量的公式.

(ⅱ) 学会确定曲线的切线与法平面方程以及曲面的切平面与法线方程.
*(ⅲ) 理解方向导数与梯度的概念,了解其几何意义,记忆偏导、方向导数、可微的关系.
*(ⅳ) 掌握方向导数与梯度的计算.

Ⅱ 基本题型

(ⅰ) 参数式曲线方程所确定的曲线在一点处切向量、切线及法平面方程计算

32. (7′) 求曲线 $\begin{cases} x = \dfrac{t}{1+t}, \\ y = \dfrac{1+t}{t}, \\ z = t^2 \end{cases}$ 在点 $\left(\dfrac{1}{2}, 2, 1\right)$ 处的切向量、切线及法平面方程.

33. (7′) 求曲线 $x = t - \sin t, y = 1 - \cos t, z = 4\sin\dfrac{t}{2}$ 在 $t = \dfrac{\pi}{2}$ 所对应点处的切向量、切线及法平面方程.

(ⅱ) 由 $F(x,y,z) = 0$ 或 $z = f(x,y)$ 所示曲面在一点处法向量、切平面及法线方程计算

34. (7′) 求球面 $x^2 + y^2 + z^2 = 14$ 在点 $(1,2,3)$ 处的内法向量、外法向量.

35. (1) (7′) 求曲面 $e^z - z + xy = 3$ 在点 $(2,1,0)$ 处的法向量、切平面及法线方程.
(2) (7′) 求曲面 $z = x^2 + y^2 - 5$ 在点 $(2,1,0)$ 处的法向量、切平面及法线方程.

(ⅲ) 偏导、可微、方向导数的关系
记忆:

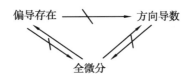

请根据上图编出有关选择题.

*(ⅳ) 二元函数沿平面直线方向的方向导数计算;三元函数沿空间直线方向的方向导数计算

36. (7′) 求函数 $z = \ln(x^2 + y)$ 在点 $(1,0)$ 处沿从点 $P(1,0)$ 到点 $Q(2,-1)$ 的方向导数.

37. (7′) 求函数 $u = x^2 y + e^{2z}$ 在点 $P(1,1,0)$ 处沿从该点到点 $Q(2,0,1)$ 的方向 l 的方向导数.

38. (7′) 求函数 $u = xy^2 + z^3 - xyz$ 在点 $(1,1,2)$ 处沿方向角为 $\alpha = \dfrac{\pi}{3}, \beta = \dfrac{\pi}{4}, \gamma = \dfrac{\pi}{3}$ 的方向导数.

*(ⅴ) 已知函数的梯度计算

39. (7′) 设 $f(x,y,z) = x^2 + y^2 + z^2$,求 $\mathrm{grad} f(1,2,3)$.

40. (7′) 设 $f(x,y,z) = x^2 + 2y + z$,求 $\mathrm{grad} f(1,0,1)$.

Ⅲ 综合计算题型

涉及本节内容与空间解析几何内容的综合计算

41. (7′) 已知曲面 $xyz + x^2(y+z) = a^3 (a \neq 0)$,求其经过 $P(-a,a,a), Q(-a,-a,a)$ 的两个切平面的交线方程.

42. （7'）求空间曲线 $\begin{cases} x=\frac{1}{4}t^4, \\ y=\frac{1}{3}t^3, \\ z=\frac{1}{2}t^2 \end{cases}$ 的平行于平面 $\Pi: x+3y+2z=0$ 的切线方程.

*43. （7'）求椭球面 $2x^2+3y^2+z^2=9$ 与锥面 $z^2=3x^2+y^2$ 的交线 C 上点 $M_0(1,-1,2)$ 处的切线与法平面方程. 请你总结一下曲线 $\begin{cases} F(x,y,z)=0, \\ G(x,y,z)=0 \end{cases}$ 的切向量的求法.

*44. （7'）求函数 $u=\ln(x+\sqrt{y^2+z^2})$ 在点 $A(1,0,1)$ 处沿 A 点指向点 $B(3,-2,2)$ 方向的方向导数.

*45. （7'）求函数 $f(x,y,z)=x^2+2y^2+3z^2+xy+3x-2y-6z$，在点 $M_0(1,1,1)$ 处方向导数的最大值.

*46. （7'）求函数 $f(x,y,z)=\sqrt[3]{40-x^2-2y^2-3z^2}$ 在点 $M_0(-3,3,-2)$ 处沿 $\boldsymbol{n}$ 的方向导数，其中 $\boldsymbol{n}$ 为 $f(x,y,z)=1$ 过 M_0 处的内法向量.

* **Ⅳ 提高题型**

（i）用定义计算方向导数（自学）

47. （7'）试证明 $f(x,y)=\sqrt{x^2+y^2}$ 在 $(0,0)$ 处沿任何方向的方向导数存在，但不可微.

（ii）难度较大的综合题型

48. （7'）过 $L: \begin{cases} x-y+z=0, \\ x+2y+z=1 \end{cases}$ 作与曲面 $\Sigma: x^2+y^2-z^2=1$ 相切的平面，求此平面方程.

49. （7'）设 $F(u,v)$ 可微，试证曲面 $F\left(\dfrac{x-a}{z-c}, \dfrac{y-b}{z-c}\right)=0$ 上任一点处的切平面都通过定点.

50. （7'）在椭球面 $2x^2+2y^2+z^2=1$ 上求一点，使得函数 $f(x,y,z)=x^2+y^2+z^2$ 沿着点 $A(1,1,1)$ 到 $B(2,0,1)$ 方向的方向导数具有最大值.

（二）极值问题

Ⅰ 内容要求

（i）理解多元函数极值与条件极值的概念.

（ii）记忆多元函数极值存在的必要条件，记忆二元函数极值存在的充分条件.

（iii）掌握用拉格朗日乘数法计算条件极值及其相应的简单实际的问题.

Ⅱ 基本题型

（i）涉及多元函数极值存在的必要条件的问题

51. （7'）若 $f(x,y,z)=x^3-y^3+3x^2+ay^2-bx$ 在 $(-3,2)$ 处取得极值，求 a,b.

（ii）涉及多元初等函数极值充分条件的问题

52. （7'）求函数 $f(x,y)=4(x-y)-x^2-y^2$ 的极值.

53. （7'）求函数 $f(x,y)=e^{x-y}(x^2-2y^2)$ 的极值.

(iii) 涉及一个条件的条件极值的问题

54. (7′) 若 $\frac{1}{x}+\frac{1}{y}=\frac{1}{a}(x,y,a>0)$,求 $z=xy$ 的极小值.

Ⅲ 综合应用题型

(i) 非条件极值的应用题(仅出现唯一驻点)

55. (7′) 有一宽为 24cm 的长方形铁板,把它两边折起来做成一断面为等腰梯形的水槽.问怎样折法才能使断面的面积最大?

56. (7′) 设 Q_1,Q_2 依次为商品甲、乙的需求量,$Q_1=8-p_1+2p_2$,$Q_2=10+2p_1-5p_2$,又设总成本函数 $C=3Q_1+2Q_2$,其中 p_1,p_2 依次为商品甲、乙的价格,问 p_1,p_2 取何值时,可使总利润最大?

(ii) 涉及拉格朗日乘数法的综合题型

57. (7′) 求原点到曲面 $(x-y)^2-z^2=1$ 的最短距离.

58. (7′) 将周长为 $2p$ 的矩形绕它的一边旋转而构成一个圆柱体.问矩形的边长各为多少时,才可使圆柱体的体积为最大?

59. (7′) 要造一个容积等于定数 k 的长方体无盖水池,应如何选择水池的尺寸,方可使它的表面积最小?

60. (7′) 某厂生产两种产品,产量分别为 Q_1,Q_2,总成本函数为
$$C=5Q_1^2+2Q_1Q_2+3Q_2^2+80.$$
若两种产品共生产 39 件,问 Q_1,Q_2 取何值时,可使总成本最大?

61. (7′) 某公司可以通过电台与报纸两种方式作销售广告.根据统计资料,销售收入 R(万元)与电台广告费用 x_1(万元)及报纸广告费用 x_2(万元)之间的关系有如下经验公式:
$$R=15+14x_1+32x_2-8x_1x_2-2x_1^2-10x_2^2.$$
(1) 在广告费用不限的情况下,求最优广告策略;
(2) 若提供的广告费用为 1.5 万元,求相应的最优广告策略.

62. (7′) 设在 x 轴的上、下两侧有两种不同的介质Ⅰ和Ⅱ.光在两种介质中的传播速度分别是 v_1 和 v_2,又设点 A 在Ⅰ内,点 B 在Ⅱ内,要使光线从 A 到达 B 所用的时间最短,问光线应取怎样的路径?

Ⅳ 提高题型

(i) 涉及多元隐函数极值的问题

63. (7′) 求由方程 $x^2+y^2+z^2-2x+2y-4z=10$ 确定的函数 $z=f(x,y)$ 的极值.你能用两种方法求解吗?

(ii) 多元函数的最值问题

64. (7′) 求函数 $z=x^2+y^2$ 在圆域 $(x-\sqrt{2})^2+(y-\sqrt{2})^2 \leqslant 9$ 上的最值.

65. (7′) 求函数 $f(x,y)=xy(4-x-y)$ 在由直线 $x=1,y=0$ 及 $x+y=6$ 所围成的闭区域上的最值.

测试卷八

一、选择题(7×4′)

1. $z=f(x,y)$ 各偏导存在是该函数可微的 ( )
   A. 充分非必要条件　　　　　　B. 必要非充分条件
   C. 充分且必要条件　　　　　　D. 既不充分也不必要条件

2. 设 $f(x+y,x-y)=\dfrac{x^2-y^2}{2xy}$，则 $f(x,y)=$ ( )
   A. $\dfrac{xy}{x^2-y^2}$　　B. $\dfrac{2xy}{x^2-y^2}$　　C. $\dfrac{4xy}{x^2-y^2}$　　D. $\dfrac{xy}{2(x^2-y^2)}$

3. 设 $z=x^y$，则 $dz=$ ( )
   A. $yx^{y-1}dx$　　　　　　　　B. $x^y\ln x\,dy$
   C. $yx^{y-1}dx+x^y\ln x\,dy$　　D. $x^y\ln x\,dx+yx^{y-1}dy$

4. 设函数 $z=f(x,y)$ 在点 (x_0,y_0) 处具有偏导数，则 $f_x(x_0,y_0)=f_y(x_0,y_0)=0$ 是该函数在 (x_0,y_0) 取得极值的 ( )
   A. 充分非必要条件　　　　　　B. 必要非充分条件
   C. 充分且必要条件　　　　　　D. 既不充分也不必要条件

5. 设函数 $u=f(t,x,y)$，而 $x=x(s,t)$，$y=y(s,t)$ 均有一阶连续偏导数，则 $\dfrac{\partial u}{\partial t}=$ ( )
   A. $\dfrac{\partial f}{\partial x}\cdot\dfrac{\partial x}{\partial t}+\dfrac{\partial f}{\partial y}\cdot\dfrac{\partial y}{\partial t}$
   B. $\dfrac{\partial f}{\partial t}+\dfrac{\partial f}{\partial x}\cdot\dfrac{\partial x}{\partial t}+\dfrac{\partial f}{\partial y}\cdot\dfrac{\partial y}{\partial t}$
   C. $\dfrac{\partial u}{\partial t}+\dfrac{\partial f}{\partial x}\cdot\dfrac{\partial x}{\partial t}+\dfrac{\partial f}{\partial y}\cdot\dfrac{\partial y}{\partial t}$
   D. $\dfrac{\partial f}{\partial t}+\dfrac{\partial f}{\partial x}\cdot\dfrac{\partial x}{\partial t}+\dfrac{\partial f}{\partial y}\cdot\dfrac{\partial y}{\partial s}$

6. 上半球面 $z=\sqrt{9-x^2-y^2}$ 在点 $(1,2,2)$ 处的法向量可选为 ( )
   A. $\left\{-\dfrac{1}{2},1,1\right\}$　　B. $\left\{-\dfrac{1}{2},-1,1\right\}$　　C. $\left\{\dfrac{1}{2},-1,1\right\}$　　D. $\left\{\dfrac{1}{2},1,1\right\}$

7. 设 $x=x(y,z),y=y(z,x),z=z(x,y)$ 都是由方程 $F(x,y,z)=0$ 所确定的具有连续偏导数的函数，则 $\dfrac{\partial x}{\partial y}\cdot\dfrac{\partial y}{\partial z}\cdot\dfrac{\partial z}{\partial x}=$ ( )
   A. -1　　　　　　　　　　　B. 0
   C. 1　　　　　　　　　　　　D. 不确定，随 F 不同而变化

二、填空题(3×4′)

1. 函数 $z=\dfrac{\sqrt{4x-y^2}}{\ln(1-x^2-y^2)}$ 的定义域为_____.

2. $z=\ln(1+x^2+y^2)$，则 $dz|_{(1,2)}=$_____.

3. 曲线 $\begin{cases}x=t-\sin t,\\ y=1-\cos t,\\ z=4\sin\dfrac{t}{2}\end{cases}$，在 $t=\dfrac{\pi}{2}$ 所对应点处的切线方程为_____.

三、计算题($4\times 7'$)

1. 设 $z=f[\varphi(x),\varphi(y)]$,其中 f,φ 二次可微,求 $\dfrac{\partial z}{\partial x}$, $\dfrac{\partial^2 z}{\partial x \partial y}$.

2. 设 $z=z(x,y)$ 由 $x^2y-2y\sin z+e^z=1$ 所确定,求 $\dfrac{\partial z}{\partial y}$.

3. 设 $z=\tan(3t+2x^2-y)$,而 $x=\dfrac{1}{t}$, $y=\sqrt{t}$,求 z 关于 t 的全导数 $\dfrac{dz}{dt}$.

*4. 求函数 $z=x^2-xy+y^2$ 在点 $(1,1)$ 处方向导数的最大值及相应的方向.

四、($8'$) 曲面 $x^2+2y^2+3z^2=1$ 在第一卦限哪一点的法线垂直于平面 $x+4y+3z=8$?

五、(8′) 设 $z=\dfrac{y}{f(x^2-y^2)}$，其中 f 具有连续导数，求证：$\dfrac{1}{x}\cdot\dfrac{\partial z}{\partial x}+\dfrac{1}{y}\cdot\dfrac{\partial z}{\partial y}=\dfrac{z}{y^2}$.

六、(8′) 要制作一个圆柱形的帐篷，并给它加一个圆锥形的顶．问：在体积为定值时，圆柱的半径 R，高 H 与圆锥的高 h 三者之间满足什么关系时，可使所用布料最省？

七、(两题选做一题，每题 7′)

1. 当 $x>0,y>0,z>0$，求 $f(x,y,z)=\ln x+2\ln y+3\ln z$ 在球面 $x^2+y^2+z^2=6R^2$ 上的最大值，并由此证明：当 a,b,c 为正数时，不等式 $ab^2c^3\leqslant 108\left(\dfrac{a+b+c}{6}\right)^6$ 成立．

*2. 证明：曲面 $f(ax-bz,ay-cz)=0$ 上任一点处的切平面都与某条定直线平行，其中 f 具有连续偏导数．

第九章

重 积 分

一、二重积分(A：§9.1，§9.2，§9.4；B：§9.1，§9.2，§9.3，§9.5)

Ⅰ 内容要求

(i) 理解二重积分的概念,了解二重积分性质,记忆二重积分奇偶对称性性质.

(ii) 掌握二重积分的计算方法(直角坐标、极坐标).

*(iii) 学会用重积分表示一些简单的几何量和物理量(体积、曲面面积、质量).

Ⅱ 基本题型

(i) 涉及重积分性质的客观题

1. (5′) 利用二重积分的估值定理估计 $I = \iint\limits_{D}(2x+y+1)\mathrm{d}\sigma$,其中
$$D = \{(x,y) \mid 0 \leqslant x \leqslant 1, 1 \leqslant y \leqslant 3\}.$$

2. (5′) 设 D 是以点 $(0,0),(1,-1)$ 及 $(1,1)$ 为顶点的三角形区域,试比较 $\iint\limits_{D}(x^2-y^2)\mathrm{d}\sigma$ 与 $\iint\limits_{D}\sqrt{x^2-y^2}\mathrm{d}\sigma$ 的大小.

3. 记忆以下二重积分奇偶对称性性质：

(1) 当积分域 D 对称于 x 轴时,令 D' 是 D 关于 x 轴某一侧的部分,$f(x,y)$ 为 D 上的连续函数,则有

$$\iint\limits_{D}f(x,y)\mathrm{d}\sigma = \begin{cases} 2\iint\limits_{D'}f(x,y)\mathrm{d}\sigma, & \text{若 } f(x,-y) = f(x,y) \text{ 关于 } y \text{ 为偶},\\ 0, & \text{若 } f(x,-y) = -f(x,y) \text{ 关于 } y \text{ 为奇}. \end{cases}$$

(2) 当积分域 D 对称于 y 轴时,令 D' 是 D 关于 y 轴某一侧的部分,则有

$$\iint\limits_{D}f(x,y)\mathrm{d}\sigma = \begin{cases} 2\iint\limits_{D'}f(x,y)\mathrm{d}\sigma, & \text{若 } f(-x,y) = f(x,y) \text{ 关于 } x \text{ 为偶},\\ 0, & \text{若 } f(-x,y) = -f(x,y) \text{ 关于 } x \text{ 为奇}. \end{cases}$$

(3) 当积分域关于原点对称时,若 $f(-x,-y) = -f(x,y)$,则有 $\iint\limits_{D}f(x,y)\mathrm{d}\sigma = 0$.

4. 利用二重积分奇偶对称性性质解下列各题：

(1) (4′) 设 $D = \{(x,y) \mid 0 \leqslant x \leqslant 2, |y| \leqslant 1\}, D' = \{(x,y) \mid 0 \leqslant x \leqslant 2, 0 \leqslant y \leqslant 1\}$,则下列各式成立的是 ( )

A. $\iint\limits_{D}\sin(x^2y)\mathrm{d}\sigma = 0$ B. $\iint\limits_{D}\sin(x^2y)\mathrm{d}\sigma = 2\iint\limits_{D'}\sin(x^2y)\mathrm{d}\sigma$

C. $\iint\limits_{D}\sin^2(xy)\mathrm{d}\sigma = 0$ D. $\iint\limits_{D}\sin(xy)\mathrm{d}\sigma = 2\iint\limits_{D'}\sin^2(xy)\mathrm{d}\sigma$

(2) (4′) 设 $D = \{(x,y) \mid |x|+|y| \leqslant 1\}$，则 $\iint\limits_{D}\sin x^3 \cdot \cos y^2 \mathrm{d}x\mathrm{d}y =$ _____.

(ii) 涉及二次积分交换次序的客观题

5. （每题 6′）改变下列积分的积分次序：

(1) $\int_0^2 \mathrm{d}y \int_{y^2}^{2y} f(x,y)\mathrm{d}x$；

(2) $\int_1^e \mathrm{d}x \int_0^{\ln x} f(x,y)\mathrm{d}y$；

(3) $\int_0^1 \mathrm{d}y \int_y^{\sqrt{2y-y^2}} f(x,y)\mathrm{d}x$；

(4) $\int_{\frac{1}{2}}^1 \mathrm{d}y \int_{\frac{1}{y}}^2 f(x,y)\mathrm{d}x + \int_1^2 \mathrm{d}y \int_y^2 f(x,y)\mathrm{d}x$.

(iii) 直角坐标系下简单的二重积分计算

6. （7′）设 $D = \{(x,y) \mid a \leqslant x \leqslant b, c \leqslant y \leqslant d\}$，$f_1(x)$ 与 $f_2(y)$ 为 D 上的连续函数，求证：

$$\iint\limits_{D} f_1(x)f_2(y)\mathrm{d}\sigma = \left[\int_a^b f_1(x)\mathrm{d}x\right] \cdot \left[\int_c^d f_2(x)\mathrm{d}x\right].$$

7. （7′）用上题的结论计算 $\iint\limits_{D} e^{2x}\sin y \mathrm{d}\sigma$，其中 $D = \{(x,y) \mid 0 \leqslant x \leqslant 1, 0 \leqslant y \leqslant \frac{\pi}{2}\}$.

8. （每题 7′）计算下列二重积分：

(1) $\iint\limits_{D} x\cos(x+y)\mathrm{d}\sigma$，其中 D 是顶点分别为 $(0,0),(\pi,\pi)$ 和 $(\pi,0)$ 的三角形闭区域；

(2) $\iint\limits_{D} x\sqrt{y}\mathrm{d}\sigma$，其中 D 是由两条抛物线 $y = \sqrt{x}, y = x^2$ 所围成的闭区域；

(3) $\iint\limits_{D} \frac{x^2}{y^2}\mathrm{d}\sigma$，其中 D 是由直线 $x = 2, y = x$ 及曲线 $xy = 1$ 所围成的闭区域；

(4) $\iint\limits_{D} y \mathrm{d}\sigma$，其中 D 是由 $x = y^2$ 及 $x-y-6 = 0$ 所围成的闭区域.

Ⅲ 综合计算题型

(i) 交换次序后的二重积分计算

9. （每题 7′）求下列二重积分：

(1) $\int_0^1 \mathrm{d}x \int_x^1 e^{-y^2}\mathrm{d}y$；

(2) $\int_0^1 \mathrm{d}y \int_y^{\sqrt{y}} \frac{\sin x}{x - x^2}\mathrm{d}x$.

(ii) 极坐标系下简单的二重积分计算

10. （每题 7′）计算下列二重积分（用极坐标）：

(1) $\iint\limits_{D} e^{x^2+y^2}\mathrm{d}\sigma$，其中 D 是由圆周 $x^2 + y^2 = 4$ 所围成的闭区域；

(2) $\iint\limits_{D} xy \, d\sigma$,其中 D 是圆环形闭区域 $\{(x,y) \mid 1 \leqslant x^2+y^2 \leqslant 4\}$;

(3) $\iint\limits_{D} \sqrt[3]{x^2+y^2} \, d\sigma$,其中 D 是位于第一象限由圆周 $x^2+y^2=1$,$y=\sqrt{3}x$ 与 x 轴所围成的扇形闭区域.

*(iii) 用二重积分表示体积与曲面面积

11. (7′) 试用二重积分表示由曲面 $z = x^2+2y^2$ 及 $z = 6-2x^2-y^2$ 所围成的立体体积,并计算之. 学过三重积分后,试用三重积分解决之.

12. (7′) 试用二重积分表示椭球的体积与表面积,椭球面方程为 $\dfrac{x^2}{a^2}+\dfrac{y^2}{b^2}+\dfrac{z^2}{c^2}=1$.

13. (7′) 用二重积分表示锥面 $z = \sqrt{x^2+y^2}$ 被柱面 $z^2 = 2x$ 割下部分的曲面面积.

Ⅳ 提高题型

(i) 复杂函数的二重积分

14. (每题 7′) 计算下列重积分:

(1) $\iint\limits_{D} |\cos(x+y)| \, d\sigma$,其中 D:$0 \leqslant x \leqslant \pi$,$0 \leqslant y \leqslant \pi$;

(2) $\iint\limits_{D} y(1+xe^{\frac{x^2+y^2}{2}}) \, d\sigma$,其中 D 由 $x=1$,$y=-1$,$y=x$ 所围成.

(ii) 难度较大的综合题型

15. (7′) 设函数 $f'(x)$ 连续,求证:$\int_0^{\sqrt{2}} dy \int_y^{\sqrt{4-y^2}} f'(x^2+y^2) \, dx = \dfrac{\pi}{8}[f(4)-f(0)]$.

16. (每题 7′) 求下列极限:

(1) 求 $\lim\limits_{t \to 0} \dfrac{1}{t^2} \int_0^{2t} dx \int_0^x e^{(x-y)^2} \, dy$;

(2) 设函数 $f(x,y)$ 连续,求 $\lim\limits_{r \to 0^+} \dfrac{1}{r^2} \iint\limits_{x^2+y^2 \leqslant r^2} f(x,y) \, d\sigma$.

17. (7′) 求 $D = \{(x,y) \mid x^2+y^2 \leqslant 1, x \geqslant 0, y \geqslant 0\}$ 上的连续函数 $f(x,y)$,使
$$f(x,y) = 3(x+y) + 16xy \iint\limits_{D} f(x,y) \, d\sigma.$$

(iii) 二重积分的物理应用(自学)

18. (7′) 一平面均匀薄片占有的闭区域 D 由 $x+y=2$,$y=x$ 和 $y=0$ 所围成,求:

(1) 薄片的形心;(2) 薄片关于原点的转动惯量.

*二、三重积分(A:§9.3)

Ⅰ 内容要求

(i) 了解三重积分的概念与性质.

(ii) 学会计算简单的三重积分(直角坐标、柱坐标).

Ⅱ 基本题型

(ⅰ)涉及三重积分几何意义的客观题

19. (4′) 设 $\Omega = \{(x,y,z) \mid x^2+y^2+z^2 \leqslant 9, x \geqslant 0, y \geqslant 0, z \geqslant 0\}$，则 $\iiint\limits_{\Omega} dv = $ _____.

(ⅱ)限于直角坐标下简单的三重积分计算

20. (7′) 求 $\iiint\limits_{\Omega} \dfrac{e^{x+y}}{1+z^2} dx dy dz$，其中 $\Omega = \{(x,y,z) \mid |x| \leqslant 1, |y| \leqslant 2, |z| \leqslant 1\}$.

21. (7′) 求 $\iiint\limits_{\Omega} y \, dx dy dz$，其中 Ω 为三个坐标面及平面 $x+y+z=1$ 所围成的四面体.

Ⅲ 综合计算题型

柱坐标下的三重积分计算

22. (每题 10′) 用柱坐标求下列三重积分，并计算 Ω 的立体体积：

(1) $\iiint\limits_{\Omega} (x^2+y^2) dv$，其中 Ω 是由曲面 $x^2+y^2=2z$ 及平面 $z=2$ 所围成的区域；

(2) $\iiint\limits_{\Omega} z \, dv$，其中 Ω 是由曲面 $z=\sqrt{x^2+y^2}$ 及 $z=x^2+y^2$ 所围成的闭区域.

Ⅳ 提高题型

(ⅰ)球坐标下三重积分的计算（自学）

23. (7′) $\iiint\limits_{\Omega} (x^2+y^2+z^2) dv$，其中 Ω 是由球面 $x^2+y^2+z^2=1$ 所围成的闭区域.

(ⅱ)难度较大的综合题型（自学）

24. (7′) 计算 $\iiint\limits_{\Omega} \sqrt{x^2+y^2} dv$，$\Omega$ 由平面 $z=2, z=8$ 以及曲面 S 围成，其中 S 是由曲线 $\begin{cases} y^2=2z \\ x=0 \end{cases}$ 绕 z 轴旋转所生成的旋转面.

25. (8′) 设连续函数 $f(x,y,z)$ 满足
$$f(x,y,z) = 1+2x+3y^2+4z^3 - \dfrac{1}{\pi} \iiint\limits_{x^2+y^2+z^2 \leqslant 1} f(x,y,z) dv,$$
求 $f(x,y,z)$.

26. (10′) 求证：$\dfrac{3}{2}\pi \leqslant \iiint\limits_{\Omega} \sqrt[3]{x+2y-2z+5} \, dv < 3\pi$，其中 Ω 为 $x^2+y^2+z^2 \leqslant 1$.

(ⅲ)三重积分的物理应用（自学）

27. (10′) 一均匀物体(密度为 ρ)占有的闭区域 Ω 由曲面 $z=x^2+y^2$ 和平面 $z=0$，$|x|=a, |y|=a$ 所围成，求：(1) 物体体积；(2) 物体的质心；(3) 物体关于 z 轴的转动惯量.

测 试 卷 九

一、选择题（7×4'）

1. 令 $D = \{(x,y) \mid x^2 + y^2 \leqslant R^2\}$，则 $\iint\limits_{D} \sqrt{R^2 - x^2 - y^2}\,d\sigma =$ （　　）

   A. $\dfrac{1}{3}\pi R^3$　　　　B. $\dfrac{2}{3}\pi R^3$　　　　C. πR^3　　　　D. $\dfrac{4}{3}\pi R^3$

2. 设 $I_1 = \iint\limits_{D}[\ln(x+y)]^3\,d\sigma$，$I_2 = \iint\limits_{D}[\ln(x+y)]^2\,d\sigma$，其中 $D = \{(x,y) \mid 2 \leqslant x \leqslant 4, 1 \leqslant y \leqslant 2\}$，则 （　　）

   A. $I_1 < I_2$　　　B. $I_1 = I_2$　　　C. $I_1 > I_2$　　　D. I_1, I_2 大小无法比较

3. 设 $D = \left\{(x,y) \,\bigg|\, \dfrac{x^2}{a^2} + \dfrac{y^2}{b^2} \leqslant 1\right\}$，$D_1 = \left\{(x,y) \,\bigg|\, \dfrac{x^2}{a^2} + \dfrac{y^2}{b^2} \leqslant 1, x \geqslant 0, y \geqslant 0\right\}$，则有 （　　）

   A. $\iint\limits_{D}(x^2+y^2)\,d\sigma = \iint\limits_{D_1}(x^2+y^2)\,d\sigma$　　　B. $\iint\limits_{D}(x^2+y^2)\,d\sigma = 2\iint\limits_{D_1}(x^2+y^2)\,d\sigma$

   C. $\iint\limits_{D}(x^2+y^2)\,d\sigma = 4\iint\limits_{D_1}(x^2+y^2)\,d\sigma$　　　D. $\iint\limits_{D}(x^2+y^2)\,d\sigma = 8\iint\limits_{D_1}(x^2+y^2)\,d\sigma$

4. 设 D 由 x 轴、直线 $x = e$ 及曲线 $y = \ln x$ 围成，则 $\iint\limits_{D} f(x,y)\,d\sigma =$ （　　）

   A. $\int_0^e dx \int_0^{\ln x} f(x,y)\,dy$　　　　B. $\int_0^1 dy \int_{\ln x}^x f(x,y)\,dx$

   C. $\int_1^e dx \int_0^{\ln x} f(x,y)\,dy$　　　　D. $\int_0^1 dy \int_{e^y}^e f(x,y)\,dx$

5. 改写二重积分 $\iint\limits_{D} f(\sqrt{x^2+y^2})\,d\sigma$ 为极坐标下的二次积分，其中 D 由 $y = x^2$ 及 $y = x$ 围成，正确的是 （　　）

   A. $\int_0^{\frac{\pi}{4}} d\theta \int_0^{\tan\theta} f(r) r\,dr$　　　　B. $\int_0^{\frac{\pi}{4}} d\theta \int_0^{\tan\theta \sec\theta} f(r)\,dr$

   C. $\int_0^{\frac{\pi}{4}} d\theta \int_0^{\tan\theta \sec\theta} f(r) r\,dr$　　　D. $\int_0^{\frac{\pi}{4}} d\theta \int_0^{\tan\theta \sec\theta} f(r^2)\,dr$

*6. 设 $\iiint\limits_{\Omega} dv = \dfrac{1}{6}$，其中 Ω 由三个坐标面及 $x+y+z = a\,(a>0)$ 所围，则 $a =$ （　　）

   A. 1　　　　B. 2　　　　C. 3　　　　D. 6

*7. 设 Ω 由 $z = 1 - x^2 - y^2$，$z = 0$ 围成，则 $\iiint\limits_{\Omega} f(x,y,z)\,dv =$ （　　）

   A. $\int_0^{2\pi} d\theta \int_0^1 dr \int_0^{1-r^2} f(x,y,z)\,dz$　　　　B. $\int_0^{2\pi} d\theta \int_0^1 dr \int_0^{1-r^2} f(r\cos\theta, r\sin\theta, z)\,dz$

   C. $\int_0^{2\pi} d\theta \int_0^1 dr \int_0^{1-r^2} f(r\cos\theta, r\sin\theta)r\,dz$　　　D. $\int_0^{2\pi} d\theta \int_0^1 dr \int_0^{1-r^2} f(r\cos\theta, r\sin\theta, z)r\,dz$

二、填空题($3 \times 4'$)

1. 若 $D = \{(x,y) \mid 0 \leqslant x \leqslant 3, 0 \leqslant y \leqslant 1\}$, $I = \iint\limits_{D}(x+y)^2 d\sigma$, 则用估值定理, 可估计出 I 的取值范围为_____.

2. 改换 $\int_1^2 dx \int_{2-x}^{\sqrt{2x-x^2}} f(x,y) dy$ 积分次序的正确形式为_____.

*3. 若 Ω 由三个坐标面与平面 $x + \dfrac{y}{2} + \dfrac{z}{3} = 1$ 所围, 化三重积分 $I = \iiint\limits_{\Omega} f(x,y,z) dv$ 为三次积分的形式为_____.

三、计算题($4 \times 7'$)

1. 求 $\iint\limits_{D} xy d\sigma$, 其中 D 由 $y = x^2$ 及 $x + 2y - 3 = 0$ 与 x 轴所围.

2. 求 $\iint\limits_{D} \dfrac{1}{x^2+y^2} d\sigma$, 其中 $D = \{(x,y) \mid 4 \leqslant x^2 + y^2 \leqslant 9\}$.

*3. $\iiint\limits_{\Omega} \dfrac{1}{(1+x+y+z)^3} dv$, 其中 Ω 是由平面 $x=0, y=0, z=0, x+y+z=1$ 所围成的四面体.

4. 改变 $\int_0^{\pi} dy \int_{\sqrt{y}}^{\sqrt{\pi}} \dfrac{\sin x^2}{x} dx$ 的积分次序并求值.

*四、$(8')$ 计算 $\iiint\limits_{\Omega} z\,dv$,其中 Ω 由 $z = \sqrt{2-x^2-y^2}$ 及 $z = \sqrt{x^2+y^2}$ 所围.

*五、$(9')$ 用二重积分表示上半球面 $z = \sqrt{4-x^2-y^2}$ 含在圆柱面 $x^2+y^2 = 2x$ 内部的那部分曲面面积,并求之.

*六、$(8')$ 求由平面 $x=0, y=0, x+y=1$ 所围成的柱面被平面 $z=0$ 及抛物面 $z = 6-(x^2+y^2)$ 所截的立体体积.

七、(两题选做一题,每题 $7'$)

1. 求 $\iint\limits_{D} |x^2 - y|\,d\sigma$,其中 $D = \{(x,y) | -1 \leqslant x \leqslant 1, 0 \leqslant y \leqslant 1\}$.

2. 设函数 $f(x)$ 在 $[0,1]$ 上连续,求证:$\int_0^1 dy \int_0^y f(x^2-2x+1)\,dx = \frac{1}{2}\int_0^1 f(x)\,dx$.

第十章

曲线积分与曲面积分

一、曲线积分（A：§10.1，§10.2，§10.3）

（一）第一类曲线积分——对弧长的曲线积分

I 内容要求

(i) 理解第一类曲线积分的概念与性质.

(ii) 记忆第一类曲线积分的奇偶对称性质（与二重积分类似）.

(iii) 掌握第一类曲线积分的计算（限于直角坐标，参数方程）.

II 基本题型

(i) 涉及 $\int_L f(x,y)\mathrm{d}s$ 奇偶对称性质的客观题

1. 记忆第一类曲线积分的奇偶对称性质：

(1) 若 L 关于 x 轴对称，$f(x,y)$ 为 L 上的连续函数，L' 为 L 关于 x 轴某一侧的部分，则

$$\int_L f(x,y)\mathrm{d}s = \begin{cases} 2\int_{L'} f(x,y)\mathrm{d}s, & f(x,-y) = f(x,y), \\ 0, & f(x,-y) = -f(x,y). \end{cases}$$

(2) 若 L 关于 y 轴对称，$f(x,y)$ 为 L 上的连续函数，L' 为 L 关于 y 轴某一侧的部分，则

$$\int_L f(x,y)\mathrm{d}s = \begin{cases} 2\int_{L'} f(x,y)\mathrm{d}s, & f(-x,y) = f(x,y), \\ 0, & f(-x,y) = -f(x,y). \end{cases}$$

2. (4′) 设 $I = \oint_L (x+y^3)\mathrm{d}s$，其中闭曲线 L 的方程为 $x^2+y^2=4$，则 $I = $ _____.

3. (4′) 设 L 为椭圆 $\dfrac{x^2}{4}+\dfrac{y^2}{3}=1$，其周长记为 a，则 $\oint_L (2xy+3x^2+4y^2)\mathrm{d}s = $ _____.

(ii) $\int_L f(x,y)\mathrm{d}s$ 的计算及简单的 $\int_L f(x,y,z)\mathrm{d}s$ 的计算（限于参数式）

4. (7′) $\oint_L x\mathrm{d}s$，其中 L 为由直线 $y=x$ 及抛物线 $y=x^2$ 所围成区域的整个边界.

5. (7′) $\oint_L (x^2+y^2)^n \mathrm{d}s$，其中 L 为 $\begin{cases} x = a\cos t, \\ y = a\sin t \end{cases} (0 \leqslant t \leqslant 2\pi)$.

6. (7′) $\int_L y^2 \mathrm{d}s$，其中 L 为摆线的一拱：$\begin{cases} x = a(t-\sin t), \\ y = a(1-\cos t) \end{cases} (0 \leqslant t \leqslant 2\pi)$.

7. (7′) $\int_L x^2 yz \mathrm{d}s$，其中 L 为直线段 AB，其中 $A(1,0,2)$，$B(1,3,2)$.

Ⅲ 提高题型

第一类曲线积分在物理上的应用(自学)

8. (8′) 设螺旋形弹簧一圈的方程为 $\begin{cases} x = a\cos t, \\ y = a\sin t, \\ z = kt \end{cases} (0 \leqslant t \leqslant 2\pi)$,其线密度为 $\rho(x,y,z) = x^2 + y^2 + z^2$,求它关于 z 轴的转动惯量 I_z.

(二) 第二类曲线积分 —— 对坐标的曲线积分

Ⅰ 内容要求

(i) 理解第二类曲线积分的概念与性质,了解其物理意义.

(ii) 掌握第二类曲线积分转化成定积分的基本计算.

(iii) 记忆格林公式,掌握利用格林公式计算第二类曲线积分.

(iv) 学会使用曲线积分与路径无关的条件,解决有关曲线积分的问题.

(v) 了解两类曲线积分的关系(自学).

Ⅱ 基本题型

(i) 第二类曲线积分转化成定积分的基本计算

9. (7′) $\int_L (x^2 - 2xy)\mathrm{d}x + (y^2 - 2xy)\mathrm{d}y$,其中 L 是抛物线 $y = x^2$ 上从点 $(-1,1)$ 到点 $(1,1)$ 的一段弧.

10. (7′) $\int_L x\mathrm{d}x + y\mathrm{d}y + (x+y-1)\mathrm{d}z$,其中 L 是从点 $(1,1,1)$ 到点 $(2,3,4)$ 的一段直线.

(ii) 利用格林公式计算较简单的第二类曲线积分的客观题

11. (4′) 设 L 是单位圆的逆时针边界曲线,则 $\oint_L 2xy\mathrm{d}x + (x^2 + 2x)\mathrm{d}y = $ _____ .

12. (4′) 设 L 是单位圆的逆时针边界曲线,则 $\oint_L \dfrac{(x+y)\mathrm{d}x - (x-y)\mathrm{d}y}{x^2 + y^2} = $ _____ .

Ⅲ 综合计算与应用题型

(i) 用格林公式将第二类曲线积分转化为二重积分或简单曲线积分的计算问题

13. (7′) 用格林公式计算 $\int_{\widehat{AOB}} (12x + e^y)\mathrm{d}x - (\cos y - xe^y)\mathrm{d}y$,其中 $\widehat{AOB}$ 为由 $A(-1,1)$ 沿曲线 $y = x^2$ 到点 $O(0,0)$,再沿 $y = 0$ 至点 $B(2,0)$ 的路径.

14. (7′) 用格林公式计算 $\int_L (x^2 - y)\mathrm{d}x - (x + \sin^2 y)\mathrm{d}y$,$L$ 是圆周 $y = \sqrt{2x - x^2}$ 上由 $(0,0)$ 到 $(1,1)$ 的一段弧.

(ii) 涉及曲线积分与路径无关条件的综合问题

15. (7′) 证明:$(2x\cos y + y^2\cos x)\mathrm{d}x + (2y\sin x - x^2\sin y)\mathrm{d}y$ 在整个 xOy 平面内是某个二元函数的全微分,并求出一个这样的二元函数.

16. (7′) 设在半平面 $x > 0$ 内有力 $\boldsymbol{F} = -\dfrac{k}{\rho^3}(x\boldsymbol{i} + y\boldsymbol{j})$ 构成力场,k 为常数,$\rho = \sqrt{x^2 + y^2}$,求证:在此力场中所做的功与所取的路径无关.

17. (7′) 力 $F = (x^2 + y^2)^m (y\boldsymbol{i} - x\boldsymbol{j})$ 构成力场($y > 0$),若已知质点在此力场内运动时场力所做的功与路径无关,求 m 的值.

18. (7′) 在 $x > 0$ 的区域内,选取 a, b 使 $\dfrac{ax+y}{x^2+y^2}\mathrm{d}x - \dfrac{x-y+b}{x^2+y^2}\mathrm{d}y$ 为函数 $u(x,y)$ 的全微分,并求原函数 $u(x,y)$.

Ⅳ 提高题型

(ⅰ) 当 L 所围成区域 D 包含奇点时,涉及格林公式的计算问题

19. (7′) 计算 $\displaystyle\oint_L \dfrac{x\mathrm{d}y - y\mathrm{d}x}{x^2 + y^2}$,其中 L 为一条无重点,分段光滑且不经过原点的连续闭曲线,L 的方向为逆时针方向.

(ⅱ) 难度较大的综合题型

20. (7′) 单连通区域 D 位于第一象限,D 的正向边界曲线 L 是光滑闭曲线,任一平行于坐标轴的直线与 L 至多只有两个交点,试证明:区域 D 绕 x 轴和 y 轴旋转生成立体的体积分别为 (1) $V_x = -\pi\displaystyle\oint_L y^2 \mathrm{d}x$;(2) $V_y = \pi\displaystyle\oint_L x^2 \mathrm{d}y$.

21. (10′) 在变力 $\boldsymbol{F} = \{yz, zx, xy\}$ 的作用下,质点由原点沿直线运动到椭球面 $\dfrac{x^2}{a^2} + \dfrac{y^2}{b^2} + \dfrac{z^2}{c^2} = 1$ 第一卦限的点 $M(r, s, t)$,问 r, s, t 取何值时,力 $\boldsymbol{F}$ 所做的功最大?并求出 $W_{\max}$.

二、曲面积分(A:§10.4,§10.5,§10.6)

(一)第一类曲面积分——对面积的曲面积分

Ⅰ 内容要求

(ⅰ) 理解第一类曲面积分的概念,了解其性质.

(ⅱ) 了解第一类曲面积分的基本计算.

Ⅱ 综合题型

掌握第一类曲面积分转化为二重积分的基本计算

22. (7′) $\displaystyle\iint_\Sigma \left(2x + \dfrac{4}{3}y + z\right)\mathrm{d}S$,其中 Σ 为平面 $\dfrac{x}{2} + \dfrac{y}{3} + \dfrac{z}{4} = 1$ 在第一卦限中的部分.

23. (7′) 计算 $\displaystyle\iint_\Sigma \dfrac{\mathrm{d}S}{z}$,其中 Σ 是球面 $x^2 + y^2 + z^2 = a^2$ 被平面 $z = h(0 < h < a)$ 截出的顶部.

Ⅲ 提高题型

(ⅰ) 对多个不同面积的曲面积分计算(自学)

24. (7′) 计算 $\displaystyle\iint_\Sigma xyz\,\mathrm{d}S$,其中 Σ 是由坐标面及 $x+y+z=1$ 所围成的四面体边界.

(ⅱ) 利用第一类曲面积分解决的物理问题(自学)

25. (8′) 已知曲面 $\Sigma: x^2 + y^2 + z^2 = 1 (z \geq 0)$ 上任一点处的密度 $u = \dfrac{z}{\sqrt{1 + 2z^2}}$,

求:(1) 曲面的质心坐标;

(2) 曲面关于 z 轴的转动惯量 I_z.

（二）第二类曲面积分 —— 对坐标的曲面积分

Ⅰ 内容要求

(i) 了解第二类曲面积分的概念与性质.

(ii) 学会第二类曲面积分的基本计算.

(iii) 记忆高斯公式,学会用高斯公式计算简单的第二类曲面积分.

(iv) 了解通量与散度的概念,记忆向量场 $\boldsymbol{A}$ 的散度公式,学会计算散度.

Ⅱ 基本题型

(i) $\iint\limits_{\Sigma} P(x,y,z)\mathrm{d}x\mathrm{d}y$ 型的计算

26. (7′) $\iint\limits_{\Sigma}(x^2+y^2)\mathrm{d}x\mathrm{d}y$,其中 Σ 是 $z=\dfrac{1}{2}(x^2+y^2)$ 介于平面 $z=0$ 及 $z=2$ 之间那部分的下侧.

27. (7′) 计算曲面积分 $\iint\limits_{\Sigma}xyz\mathrm{d}x\mathrm{d}y$,其中 Σ 是球面 $x^2+y^2+z^2=1$ 外侧在 $x\geqslant 0,y\geqslant 0,z\geqslant 0$ 的部分.

(ii) $\boldsymbol{A}=\{P,Q,R\}$ 的散度 $\mathrm{div}\boldsymbol{A}$ 的计算

28. (7′) 设 $\boldsymbol{A}=\{\mathrm{e}^{xy},\cos(xy),\cos(xz^2)\}$,计算 $\mathrm{div}\boldsymbol{A}$.

Ⅲ 综合计算题型

(i) 利用高斯公式计算闭曲面上的第二类曲面积分

29. (7′) $\oiint\limits_{\Sigma}x\mathrm{d}y\mathrm{d}z+y\mathrm{d}z\mathrm{d}x+z\mathrm{d}x\mathrm{d}y$,$\Sigma$ 为坐标面及 $x=a,y=a,z=a$ 所围立体的表面外侧.

30. (7′) 利用高斯公式计算曲面积分 $\oiint\limits_{\Sigma}(x-y)\mathrm{d}x\mathrm{d}y+(y-z)x\mathrm{d}y\mathrm{d}z$,其中 Σ 为柱面 $x^2+y^2=1$ 及平面 $z=0,z=3$ 所围成的空间闭区域 Ω 的整个边界的外侧.

31. (7′) $\oiint\limits_{\Sigma}x^3\mathrm{d}y\mathrm{d}z+y^3\mathrm{d}z\mathrm{d}x+z^3\mathrm{d}x\mathrm{d}y$,其中 Σ 为球面 $x^2+y^2+z^2=a^2$ 的外侧.

(ii) $u=f(x,y,z)$ 的 $\mathrm{div}(\mathrm{grad}u)$ 计算

32. (7′) 设 $u=\ln(x^2+y^2+z^2)$,求 $\mathrm{div}(\mathrm{grad}u)$.

33. (7′) 设 $u=f(x,y,z)$ 是定义在闭区域 Ω 上的具有二阶偏导数的函数,求 $\mathrm{div}(\mathrm{grad}u)$.

Ⅳ 提高题型

(i) 一般第二类曲面积分的计算（自学）

34. (7′) $\iint\limits_{\Sigma}(z^2+x)\mathrm{d}y\mathrm{d}z-z\mathrm{d}x\mathrm{d}y$,其中 Σ 是柱面 $x^2+y^2=1$ 介于 $z=0$ 和 $z=3$ 之间那部分的外侧.

(ii) 利用高斯公式解决的综合题（自学）

35. (7′) 求向量 $\boldsymbol{A}=\{2x+3z,-(xz+y),y^2+2z\}$ 穿过曲面 Σ 流向外侧的通量,Σ 是以点 $(3,-1,2)$ 为球心,半径为 $R=3$ 的球面.

36. (10′) 设 $u(x,y,z), v(x,y,z)$ 是两个定义在闭区域 Ω 上的具有二阶偏导数的函数，$\dfrac{\partial u}{\partial \boldsymbol{n}}, \dfrac{\partial v}{\partial \boldsymbol{n}}$ 依次表示 $u(x,y,z), v(x,y,z)$ 沿 Σ 的外法线方向的方向导数，符号 $\Delta = \dfrac{\partial^2}{\partial x^2} + \dfrac{\partial^2}{\partial y^2} + \dfrac{\partial^2}{\partial z^2}$ 称为 Laplace 算子，证明：$\iiint\limits_{\Omega}(u\Delta v - v\Delta u)\mathrm{d}x\mathrm{d}y\mathrm{d}z = \oiint\limits_{\Sigma}\left(u\dfrac{\partial v}{\partial \boldsymbol{n}} - v\dfrac{\partial u}{\partial \boldsymbol{n}}\right)\mathrm{d}S$，其中 Σ 是空间闭区域 Ω 的整个边界曲面，该公式叫做**格林第二公式**.

（三）斯托克斯公式，环流量与旋度（自学）

I 内容要求

(i) 了解斯托克斯公式.

(ii) 了解环流量与旋度，知道旋度公式.

37. (7′) 利用斯托克斯公式计算 $\displaystyle\int_{\Gamma}2y\mathrm{d}x + 3x\mathrm{d}y - z^2\mathrm{d}z$，其中 Γ 是圆周 $x^2+y^2+z^2 = 9, z = 2$，若从 z 轴正向看去，这圆周是取逆时针方向.

38. （每题 6′）求下列向量场 $\boldsymbol{A}$ 的旋度：

(1) $\boldsymbol{A} = ((2z-3y),(3x-z),(y-2x))$；

(2) $\boldsymbol{A} = ((z+\sin y),(x\cos y - z), 0)$.

测 试 卷 十

一、选择题 $(7\times 4')$

1. 设 L 的方程为 $x^2+y^2 = a^2$，则 $\oint_L (x^2+y^2)^n \mathrm{d}s =$ （   ）

   A. $2\pi a^{2n}$ B. $2\pi a^{2n+1}$ C. πa^{2n+2} D. $2\pi a^{2n+2}$

2. 若 L 是封闭曲线 $\dfrac{x^2}{4} + \dfrac{y^2}{3} = 1$，其周长为 a，则 $\oint_L (x^3+y^3+1)\mathrm{d}s =$ （   ）

   A. 0 B. a C. a^2 D. a^3

3. 设函数 $P(x,y), Q(x,y)$ 在单连通域 D 上具有一阶连续偏导数，则曲线积分 $\displaystyle\int_L P\mathrm{d}x + Q\mathrm{d}y$ 在 D 内与路径无关的充要条件是 （   ）

   A. $\dfrac{\partial Q}{\partial x} = -\dfrac{\partial P}{\partial y}$ B. $\dfrac{\partial Q}{\partial y} = -\dfrac{\partial P}{\partial x}$ C. $\dfrac{\partial Q}{\partial x} = \dfrac{\partial P}{\partial y}$ D. $\dfrac{\partial Q}{\partial y} = \dfrac{\partial P}{\partial x}$

4. 设 L 为取正向的圆周 $x^2+y^2 = 4$，则曲线积分 $\oint_L (xy-2y)\mathrm{d}x + \left(\dfrac{1}{2}x^2+y\right)\mathrm{d}y$ 的值是 （   ）

   A. -8π B. -4π C. 4π D. 8π

5. 设 Σ 为球面：$x^2+y^2+z^2 = R^2$，则曲面积分 $\iint\limits_{\Sigma}(x^2+y^2+z^2)\mathrm{d}S =$ （   ）

   A. $4\pi R^2$ B. $4\pi R^3$ C. $4\pi R^4$ D. $8\pi R^4$

6. 设 Σ 是球面 $x^2+y^2+z^2 = 1$ 的外侧在 $x\geqslant 0, y\geqslant 0, z\leqslant 0$ 的部分，Σ 在 xOy 面上的投影区域为 D，则曲面积分 $\iint\limits_{\Sigma}f(z)\mathrm{d}x\mathrm{d}y$ 可化为如下的二重积分形式 （   ）

A. $-\iint\limits_D f(-\sqrt{1-x^2-y^2})\mathrm{d}x\mathrm{d}y$ \qquad B. $-\iint\limits_D f(\sqrt{1-x^2-y^2})\mathrm{d}x\mathrm{d}y$

C. $\iint\limits_D f(-\sqrt{1-x^2-y^2})\mathrm{d}x\mathrm{d}y$ \qquad D. $\iint\limits_D f(\sqrt{1-x^2-y^2})\mathrm{d}x\mathrm{d}y$

7. 设空间闭区域 $\Omega = \{(x,y,z) \mid x \leqslant 1, |y| \leqslant 1, |z| \leqslant 1\}$，$\Sigma$ 是 Ω 的整个边界曲面的外侧，用高斯公式计算 $\iint\limits_{\Sigma} x\mathrm{d}y\mathrm{d}z - y\mathrm{d}z\mathrm{d}x + z\mathrm{d}x\mathrm{d}y$ 得 ( )

A. 1 \qquad B. 4 \qquad C. 8 \qquad D. 24

二、填空题 $(3 \times 4')$

1. 设曲线 L 由直线 $|x| + |y| = 1$ 所组成，则曲线积分 $\oint_L (|x| + |y|)\mathrm{d}s =$ _____.

2. 设 $u = x^2 + y^3 + z^4$，则 $\mathrm{div}(\mathrm{grad}\,u) =$ _____.

3. 若曲线积分 $\int_{(0,0)}^{(1,1)} (x^3 + kxy)\mathrm{d}x + (x^2 - 2y^4)\mathrm{d}y$ 与路径无关，则 $k =$ _____.

三、计算题 $(4 \times 7')$

1. 求 $I = \int_L \sqrt{x}\mathrm{d}x$，其中 L 为曲线 $x = y^2$ 从点 $(0,0)$ 到 $(1,1)$ 的一段.

2. 求 $\int_L (x+y)\mathrm{d}x + (x-y)\mathrm{d}y$，其中 L 为折线段 $y = 1 - |1-x|$ 上从点 $(0,0)$ 到点 $(2,0)$ 的一段.

3. 设 Σ 为锥面 $z = \sqrt{x^2+y^2}$ 被平面 $z = 1$ 所截部分，求 $\iint\limits_{\Sigma} z\mathrm{d}S$.

4. 设 Σ 为半球面 $z = \sqrt{1-x^2-y^2}$ 的上侧，求 $\iint\limits_{\Sigma} (1-z)\mathrm{d}x\mathrm{d}y$.

四、$(9')$ 验证式子 $(2xy+3x^2)dx+(x^2+3y^2)dy$ 是某个二元函数 $u(x,y)$ 的全微分，并求出 $u(x,y)$.

五、$(8')$ 设 $f(u)$ 具有连续的导函数，求证：曲线积分 $\int_L \dfrac{1+y^2 f(xy)}{y}dx+\dfrac{x}{y^2}[y^2 f(xy)-1]dy$ 与路径无关，其中 L 为上半平面内的任意一条曲线，并计算由点 $\left(3,\dfrac{2}{3}\right)$ 沿曲线 L 到达点 $(1,2)$ 时该曲线积分之值.

六、$(8')$ 求 $I=\iint\limits_{\Sigma} z^2 dydz+ydzdx+zdxdy$，其中 Σ 为曲面 $z=\sqrt{x^2+y^2}$，$0\leqslant z\leqslant 4$ 的外侧.

七、(两题选做一题，每题 $7'$)

1. 设函数 $Q(x,y)$ 在 xOy 平面上具有一阶连续偏导数，曲线积分 $\int_L 2xydx+Q(x,y)dy$ 与路径无关，并且对任意 t 恒有 $\int_{(0,0)}^{(t,1)} 2xydy+Q(x,y)dy=\int_{(0,0)}^{(1,t)} 2xydx+Q(x,y)dy$，求 $Q(x,y)$.

2. 设 L 是圆周 $x^2+y^2=1$，取逆时针方向，又 $f(x)$ 为正值连续函数，求证：
$$\int_L xf(y)dy-\dfrac{y}{f(x)}dx\geqslant 2\pi.$$

第十一章

无穷级数

一、常数项级数（A：§11.1，§11.2；B：§10.1，§10.2）

Ⅰ 内容要求

(ⅰ) 理解无穷级数敛散及和的概念.

(ⅱ) 记忆无穷级数收敛的必要条件，了解无穷级数的基本性质.

(ⅲ) 记忆等比级数和 p-级数的敛散性.

(ⅳ) 掌握正项级数的比值审敛法，学会运用正项级数的比较审敛法及其极限形式，了解正项级数收敛的充要条件.

(ⅴ) 掌握交错级数的莱布尼兹定理，了解一般项级数绝对收敛与条件收敛的概念及关系.

Ⅱ 基本题型

(ⅰ) 无穷级数基本性质的客观题

1. （每题 4'）是非题：

(1) $\sum\limits_{n=1}^{\infty} u_n$ 收敛，则 $\lim\limits_{n\to\infty} u_n = 0$，反之亦然；　　　　　　　　　　　(　　)

(2) $\sum\limits_{n=1}^{\infty} u_n$ 收敛，$\sum\limits_{n=1}^{\infty} v_n$ 发散，则 $\sum\limits_{n=1}^{\infty} (u_n + v_n)$ 必发散.　　　　　(　　)

(ⅱ) 涉及等比级数和 p-级数敛散性的客观题

2. (4') 下列级数收敛的是　　　　　　　　　　　　　　　　　　　　(　　)

A. $\sum\limits_{n=1}^{\infty} \dfrac{1}{n}$　　B. $\sum\limits_{n=1}^{\infty} \left(-\dfrac{1}{n}\right)$　　C. $\sum\limits_{n=1}^{\infty} \dfrac{(-1)^{n-1}}{2^n}$　　D. $\sum\limits_{n=1}^{\infty} \dfrac{1}{\sqrt{n}}$

3. (4') 下列级数收敛的是　　　　　　　　　　　　　　　　　　　　(　　)

A. $\sum\limits_{n=1}^{\infty} 3^n$　　B. $\sum\limits_{n=1}^{\infty} \dfrac{1}{n+3}$　　C. $\sum\limits_{n=1}^{\infty} \dfrac{n}{n+1}$　　D. $\sum\limits_{n=1}^{\infty} \dfrac{1}{\sqrt{n^3+1}}$

(ⅲ) 运用比较审敛法及其极限形式判定简单正项级数的敛散性

4. （每题 6'）判别下列级数的敛散性：

(1) $\sum\limits_{n=1}^{\infty} \dfrac{n}{n^2+1}$；　　　　　　　(2) $\sum\limits_{n=1}^{\infty} \sin \dfrac{\pi}{2^n}$；

(3) $\sum\limits_{n=1}^{\infty} \ln\left(1 + \dfrac{1}{n}\right)$；　　　(4) $\sum\limits_{n=1}^{\infty} \left(\dfrac{n}{2n+1}\right)^n$.

(ⅳ) 运用比值审敛法判别正项级数敛散性的题型

5. （每题 6'）判别下列级数的敛散性：

(1) $\sum_{n=1}^{\infty} \dfrac{2n-1}{(\sqrt{2})^n}$;

(2) $\sum_{n=1}^{\infty} \dfrac{3^n}{n^2}$;

(3) $\sum_{n=1}^{\infty} \dfrac{5^n}{6^n - 5^n}$;

(4) $\sum_{n=1}^{\infty} (n+1)^2 \sin \dfrac{\pi}{2^n}$;

(5) $\sum_{n=1}^{\infty} \dfrac{2^n n!}{n^n}$,你能求 $\lim\limits_{n\to\infty} \dfrac{2^n n!}{n^n}$ 吗?

(v) 运用莱布尼兹定理判别交错级数敛散性的题型

6. (每题 7′) 判别下列级数的敛散性. 若收敛,请指明是绝对收敛还是条件收敛:

(1) $\sum_{n=1}^{\infty} (-1)^{n-1} \dfrac{(n!)^2}{(2n)!}$;

(2) $\sum_{n=1}^{\infty} (-1)^{n-1} \dfrac{1}{\sqrt{n+1}}$;

(3) $\sum_{n=1}^{\infty} (-1)^{n-1} \dfrac{1}{\ln(n+1)}$.

Ⅲ 提高题型

(i) 综合运用审敛法判定数项级数敛散性的问题

7. (4′) 设 α 为常数,则 $\sum_{n=1}^{\infty} \left[\dfrac{\sin(n\alpha)}{n^2} - \dfrac{1}{\sqrt{n}} \right]$ 的敛散性是　　　　(　　)

A. 绝对收敛　　　　　　　　B. 条件收敛

C. 发散　　　　　　　　　　D. 敛散性与 α 取值有关

8. (4′) 设 $\lambda > 0$,且 $\sum_{n=1}^{\infty} a_n^2$ 收敛,则 $\sum_{n=1}^{\infty} (-1)^n \dfrac{|a_n|}{\sqrt{n^2 + \lambda}}$ 的敛散性是　　(　　)

A. 绝对收敛　　　　　　　　B. 条件收敛

C. 发散　　　　　　　　　　D. 敛散性与 λ 取值有关

9. (每题 7′) 判别下列级数的敛散性:

(1) $\sum_{n=1}^{\infty} \dfrac{1}{a^{\ln n}} (a > 0)$;

(2) $\sum_{n=1}^{\infty} \dfrac{1}{1 + a^n} (a > 0)$;

(3) $\sum_{n=1}^{\infty} \dfrac{n^3}{2^n} \sin n$;

(4) $\sum_{n=1}^{\infty} (-1)^n \dfrac{\sqrt[3]{n}}{n + 2005}$.

10. (每题 7′) 判别下列级数的敛散性:

(1) $\sum_{n=1}^{\infty} \ln \dfrac{4^n + 2^n + 1}{4^n - 2^n + 1}$;

(2) $\sum_{n=1}^{\infty} (a^{\frac{1}{n}} - a^{\frac{1}{n+1}})(a > 1)$.

(ii) 涉及抽象级数敛散性的证明

11. (7′) 设 $a_n > 0, b_n > 0$,且满足 $\dfrac{a_{n+1}}{a_n} \leqslant \dfrac{b_{n+1}}{b_n}$,$n = 1, 2, \cdots$.

求证:若 $\sum_{n=1}^{\infty} b_n$ 收敛,则 $\sum_{n=1}^{\infty} a_n$ 收敛;若 $\sum_{n=1}^{\infty} a_n$ 发散,则 $\sum_{n=1}^{\infty} b_n$ 发散.

12. (8′) 设 $a_1 = 2, a_{n+1} = \dfrac{1}{2}\left(a_n + \dfrac{1}{a_n}\right) (n = 1, 2, \cdots)$,证明:

(1) $\lim\limits_{n\to\infty} a_n$ 存在;

(2) $\sum_{n=1}^{\infty} \left(\dfrac{a_n}{a_{n+1}} - 1 \right)$ 收敛.

二、幂级数（A：§11.3，§11.4；B：§10.3，§10.4）

Ⅰ 内容要求

(ⅰ) 了解函数项级数的收敛域与和函数的概念．

(ⅱ) 熟练掌握幂级数收敛半径、收敛区间、收敛域的求法．

(ⅲ) 了解幂级数在其收敛区间内的一些基本性质，学会计算一些简单幂级数的和函数．

(ⅳ) 记忆 e^x，$\sin x$，$\cos x$，$\ln(1+x)$ 及 $\dfrac{1}{1\pm x}$ 的麦克劳林展开式．

(ⅴ) 学会利用这些展开式将一些简单的函数展成幂级数．

(ⅵ) 学会用幂级数进行一些近似计算（自学）．

Ⅱ 基本题型

(ⅰ) 幂级数收敛半径、收敛区间、收敛域的求法

13. (4′) 设幂级数 $\sum\limits_{n=1}^{\infty} a_n (x-1)^n$ 在 $x=0$ 处收敛，在 $x=2$ 处发散，则该幂级数的收敛域为_____．

14. （每题 7′）求下列幂级数收敛半径、收敛区间及收敛域：

(1) $\sum\limits_{n=1}^{\infty} (-1)^n \dfrac{x^n}{n^2}$；

(2) $\sum\limits_{n=1}^{\infty} \dfrac{2^n}{n+1} x^n$；

(3) $\sum\limits_{n=1}^{\infty} \left[\left(\dfrac{1}{2}x\right)^n + (4x)^n \right]$；

(4) $\sum\limits_{n=1}^{\infty} \dfrac{\ln n}{n} x^n$．

15. （每题 7′）求下列幂级数收敛半径、收敛区间及收敛域：

(1) $\sum\limits_{n=1}^{\infty} n \cdot 4^{n-1} \cdot x^{2n}$；

(2) $\sum\limits_{n=1}^{\infty} \dfrac{x^{3n+1}}{(2n-1)2^n}$；

(3) $\sum\limits_{n=1}^{\infty} \dfrac{2^{2n-1}}{n\sqrt{n}} (x+1)^n$；

(4) $\sum\limits_{n=1}^{\infty} \dfrac{1}{n^p} (x-1)^n \ (p>0)$．

(ⅱ) 利用 e^x，$\sin x$，$\cos x$，$\ln(1+x)$，$\dfrac{1}{1\pm x}$ 的麦克劳林展开式将一些简单的函数用初等方法展开成幂级数

16. （每题 4′）填空题：

(1) e^{x^2} 的麦克劳林展开式为_____；

(2) $\cos 2x$ 的麦克劳林展开式为_____．

17. （每题 7′）将下列函数展开为 x 的幂级数，并指出展开式成立的区间：

(1) $\dfrac{1}{x^2-5x+6}$；

(2) $\ln(2+x)$；

(3) $\sin^2 x$；

(4) $\ln(x^2-3x+2)$．

18. （每题 7′）将下列函数在指定点 x_0 处展开成 $(x-x_0)$ 的幂级数，并指出展开式成立的区间：

(1) $\dfrac{1}{x^2+3x+2}$，$x_0 = -4$；

(2) $\ln \dfrac{x}{x+1}$，$x_0 = 1$．

Ⅲ 综合题型

求幂级数的收敛域,并利用逐项求导、逐项积分或初等方法求幂级数的和函数,并由此确定某些常数项级数的和

19. (7′) 求幂级数 $\sum_{n=0}^{\infty} \frac{x^n}{n+1}$ 的收敛域,并求其和函数,并计算 $\sum_{n=0}^{\infty} \frac{(-1)^n}{n+1}$.

20. (7′) 求幂级数 $\sum_{n=0}^{\infty} \frac{2n+1}{3^n} x^{2n}$ 的收敛域,并求其和函数,并计算 $\sum_{n=0}^{\infty} \frac{2n+1}{3^n}$.

21. (7′) 求幂级数 $\sum_{n=0}^{\infty} \frac{1+n^2}{n!} x^n$ 的收敛域,并求其和函数,并计算 $\sum_{n=0}^{\infty} \frac{n^2+1}{n!}$.

Ⅳ 提高题型

(ⅰ) 较为复杂的幂级数收敛域的求法

22. (7′) 求 $\sum_{n=1}^{\infty} \left(\frac{a^n}{n} + \frac{b^n}{n^2} \right) x^n \ (a>0, b>0)$ 的收敛域.

23. (7′) 求级数 $\sum_{n=1}^{\infty} \frac{(x^2-1)^n}{n(n+1)}$ 的收敛域.

(ⅱ) 将较为复杂的函数展开为 x 的幂级数

24. (7′) 将 $f(x) = \ln(x + \sqrt{x^2+1})$ 展开成 x 的幂级数.

25. (7′) 将 $f(x) = x\arctan x - \ln\sqrt{x^2+1}$ 展开为麦克劳林级数.

*三、傅里叶级数(A:§11.7,§11.8)

Ⅰ 内容要求

(ⅰ) 了解傅里叶级数的概念和狄里克雷收敛定理,记忆傅里叶系数公式.
(ⅱ) 学会将定义在$[-\pi,\pi]$上的函数展开为傅里叶级数.
(ⅲ) 学会将定义在$[0,\pi]$上的函数展开成正弦级数与余弦级数.
(ⅳ) 自学一般周期函数的傅里叶级数.

Ⅱ 基本题型

(ⅰ) 计算傅里叶系数(对定积分的计算不作较高要求)

26. (4′) 设函数 $f(x)$ 为定义在 **R** 内以 2π 为周期的周期函数,其在一个周期 $x \in [-\pi, \pi)$ 内的解析式为 $f(x) = \pi x + x^2$,若 $f(x)$ 的傅里叶级数为 $\frac{a_0}{2} + \sum_{n=1}^{\infty}(a_n\cos nx + b_n\sin nx)$,则系数 $b_3 = $ _____.

27. (4′) 设 $f(x)$ 为定义在 **R** 内以 2π 为周期的周期函数,并满足狄里克雷收敛条件,若 $f(x)$ 为奇函数,则 $a_n = $ _____;若 $f(x)$ 为偶函数,则 $b_n = $ _____.

(ⅱ) 用狄里克雷定理判定以 2π 为周期的函数 $f(x)$ 的傅里叶级数在某些点的收敛情况

28. (6′) 设 $f(x) = \begin{cases} -1, & -\pi < x \leqslant 0 \\ 1+x^2, & 0 < x < \pi \end{cases}$,则以 2π 为周期的傅里叶级数在 $x=0$ 处收敛于_____;在 $x=\pi$ 处收敛于_____.

(ⅲ) 将周期为 2π 的简单函数展开成傅里叶级数

29. (每题7′) 设 $f(x)$ 为周期为 2π 的周期函数,它在区间 $[-\pi, \pi)$ 上的表达式为

(1) $f(x)=\begin{cases} 0, & -\pi \leqslant x<0, \\ k, & 0 \leqslant x<\pi; \end{cases}$

(2) $f(x)=\begin{cases} bx, & -\pi \leqslant x<0, \\ ax, & 0 \leqslant x<\pi \end{cases}$ $(a>b>0)$.

将其分别展开成傅里叶级数.

Ⅲ 提高题型

(i) 将 $[-\pi,\pi]$ 或 $[0,\pi]$ 上的函数展开成傅里叶级数

30. (7′) 将 $f(x)=\dfrac{\pi-x}{2}$,$|x|\leqslant\pi$ 展开成傅里叶级数.

31. (7′) 将 $f(x)=\dfrac{\pi-x}{2}(0<x\leqslant\pi)$ 分别展开成正弦级数和余弦级数.

32. (7′) 求证:$0\leqslant x\leqslant\pi$ 时,有

$$x(x-\pi)=-\frac{\pi^2}{6}+\sum_{n=1}^{\infty}\frac{1}{n^2}\cos 2nx,$$

并求 $\sum\limits_{n=1}^{\infty}\dfrac{1}{n^2}$ 及 $\sum\limits_{n=1}^{\infty}\dfrac{(-1)^{n-1}}{n^2}$.

(ii) 一般周期函数的傅里叶级数(自学)

33. (7′) 设 $f(x)$ 是周期为 2 的奇函数且在 $[0,1]$ 上的表达式为 $f(x)=x(1-x)$,将 $f(x)$ 展开为傅里叶级数,并求级数 $\sum\limits_{n=1}^{\infty}\dfrac{(-1)^{n-1}}{(2n-1)^3}$ 之和.

测试卷十一

一、选择题(7×4′)

1. $\lim\limits_{n\to\infty} u_n = 0$ 是数项级数 $\sum\limits_{n=1}^{\infty} u_n$ 收敛的 ( )

   A. 充分但非必要条件   B. 必要但非充分条件
   C. 充分且必要条件   D. 既不充分也不必要条件

2. 级数 $\sum\limits_{n=1}^{\infty} c\left(\dfrac{a}{b}\right)^n (bc\neq 0)$ 收敛的条件是 ( )

   A. $a<b$ B. $|a|>|b|$ C. $|a|<|c|$ D. $|a|<|b|$

3. 下列级数中收敛的是 ( )

   A. $\sum\limits_{n=1}^{\infty} \dfrac{n+1}{n^2}$ B. $\sum\limits_{n=1}^{\infty} \dfrac{1}{n^{\frac{2}{3}}}$ C. $\sum\limits_{n=1}^{\infty} \dfrac{1}{n^{\frac{3}{2}}}$ D. $\sum\limits_{n=1}^{\infty} \dfrac{1}{n+100}$

4. 当 $k>0$ 时,级数 $\sum\limits_{n=1}^{\infty} (-1)^n \dfrac{k+n}{n^2}$ 是 ( )

   A. 条件收敛   B. 绝对收敛   C. 发散   D. 敛散性与 k 值有关

5. 若 $\sum\limits_{n=1}^{\infty} a_n(x+1)^n$ 在 $x=2$ 处条件收敛,则此级数的收敛半径 $R=$ ( )

   A. 1   B. 2   C. 3   D. 与 a_n 有关

*6. 设 $f(x)$ 是以 2π 为周期的周期函数,其在 $(-\pi,\pi]$ 上的解析式为

$$f(x)=\begin{cases} -1, & -\pi<x\leq 0,\\ 1+x, & 0<x\leq \pi, \end{cases}$$ 则 $f(x)$ 的傅里叶级数在 $x=-\pi$ 处收敛于 ( )

   A. -1 B. 1   C. $\dfrac{\pi}{2}$ D. $\pi+1$

*7. 周期为 2π 的奇函数 $f(x)$,它的傅里叶级数的常数项和余弦项为 ( )

   A. 非零数   B. 0
   C. 常数项为 0,余弦项不一定为 0   D. 余弦项为 0,常数项不一定为 0

二、填空题(3×4′)

1. 设级数为 $\dfrac{2}{1\cdot 2}+\dfrac{2^2}{2\cdot 3}+\dfrac{2^3}{3\cdot 4}+\dfrac{2^4}{4\cdot 5}+\cdots$,则其一般项 $u_n =$ _____ $(n\geq 1)$.

2. $\sum\limits_{n=1}^{\infty} (-1)^n \dfrac{x^n}{2^n+1}$ 的收敛半径为 _____.

3. $f(x)=\ln(1-x)$ 的麦克劳林展开式为 _____.

三、计算题(4×7′)

1. 判别 $\sum\limits_{n=1}^{\infty} \dfrac{\sin\dfrac{1}{n+1}}{n^2+1}$ 的敛散性.

2. 判别 $\sum\limits_{n=1}^{\infty} \dfrac{n!}{n^n}$ 的敛散性.

3. 将 $f(x)=\dfrac{1}{3+2x}$ 展开为麦克劳林级数.

*4. 设 $f(x)$ 是周期为 2π 的周期函数,它在 $[-\pi,\pi]$ 上的表达式为 $f(x)=x^3+1$,试求其傅里叶系数 a_n.

四、(9′) 判别 $\sum\limits_{n=1}^{\infty} (-1)^n \dfrac{1}{n\cdot a^n}\ (a>0,a\neq 1)$ 的敛散性,若收敛,请指出是绝对收敛,还是条件收敛.

五、(8′) 将 $\ln x(x+1)$ 展开为 $x-1$ 的幂级数,并指出展开式成立的区间.

六、(8′) 求幂级数 $\sum\limits_{n=0}^{\infty} \dfrac{3n+1}{2^n} x^{3n}$ 的收敛域及其和函数,并计算 $\sum\limits_{n=0}^{\infty} \dfrac{3n+1}{2^n}$.

七、(两题选做一题,每题 7′)

1. 设 $a_n = e^{\frac{1}{\sqrt{n}}} - 1 - \dfrac{1}{\sqrt{n}}$,试证明 $\sum\limits_{n=1}^{\infty} (-1)^n a_n$ 条件收敛.

2. 设 $|a_n|\leqslant 1\ (n=1,2,3,\cdots)$,$|a_n-a_{n-1}|\leqslant \dfrac{1}{4}|a_{n-1}^2-a_{n-2}^2|\ (n=3,4,5,\cdots)$,求证:

(1) 级数 $\sum\limits_{n=2}^{\infty} (a_n-a_{n-1})$ 绝对收敛;

(2) 数列 $\{a_n\}$ 收敛.

第十二章 微分方程

一、微分方程的基本概念（A：§12.1；B：§11.1）

Ⅰ 内容要求
了解微分方程及其解、阶、通解、初始条件和特解等概念．

Ⅱ 基本题型
(i) 有关微分方程基本概念的客观题

1. (4′) 下列微分方程为二阶微分方程是 （   ）
   A. $(y')^2+xy=0$
   B. $y'''+xy''=y$
   C. $(y'')^2+xy'+x^2=0$
   D. $y'''=xy'$

2. (4′) 函数 $y=c_1 e^{2x+c_2}$ (c_1,c_2 为任意常数) 是微分方程 $y''-y'-2y=0$ 的 （   ）
   A. 通解
   B. 特解
   C. 非解
   D. 是解，但不是通解，也不是特解

(ii) 验证题

3. (每题 4′) 指出给出的函数是否为微分方程的解：
   (1) $y''+y=0, y=3\sin x-4\cos x$；
   (2) $(x-y+1)y'=1, y-x=Ce^y$．

(iii) 由通解及初始条件确定特解

4. (4′) 若 $y=(C_1+C_2 x)e^{2x}$ 是某二阶微分方程的通解，求其满足 $y(0)=0, y'(0)=1$ 的特解．

二、一阶微分方程（A：§12.2，§12.3，§10.4；B：§11.2，§11.3）

Ⅰ 内容要求
(i) 掌握 $y'=f(x), y'=f(x)g(y)$ 以及 $y'+P(x)y=Q(x)$ 型一阶方程解法．
(ii) 学会齐次方程，自学伯努利方程，并从中领会用变量代换求解方程的思想．
(iii) 知道全微分方程（自学）．

Ⅱ 基本题型
(i) $y'=f(x)$ 型方程的求解

5. (每题 6′) 求下列微分方程的解：
   (1) $xy'=\ln x$；
   (2) $e^x y'=x, y(0)=0$．

(ii) $y'=f(x)g(y)$ 型方程的求解

6. (每题 6′) 求下列微分方程的通解：

(1) $y' = e^{2x-y}$;   (2) $(x^2-4x)y' + y = 0$;

(3) $(1+2y)x dx + (1+x^2) dy = 0$.

7. （每题 6'）求下列微分方程的特解：

(1) $(1+e^x)yy' = e^x, y(0) = 1$;   (2) $y' = 3^{x+y}, y(0) = 1$.

(iii) $y' = \varphi\left(\dfrac{y}{x}\right)$ 型的简单微分方程

8. （每题 7'）求下列微分方程的通解：

(1) $y' = \dfrac{2x+3y}{x}$;   (2) $y' = \dfrac{y}{x} + \tan\dfrac{y}{x}$.

(iv) $y' + P(x)y = Q(x)$ 型的简单微分方程

9. （每题 7'）求下列微分方程的通解：

(1) $y' + y = e^{-x}$;   (2) $y' + y\cos x = e^{-\sin x}$;

(3) $y'\cos x + y\sin x = \sin 2x \cos x$;   (4) $x dy + y dx = \sin x dx$.

10. （每题 7'）求下列微分方程的特解：

(1) $y' + xy = x, y(0) = 1$;   (2) $y' + y\cot x = \csc x, y\left(\dfrac{\pi}{2}\right) = \pi$;

(3) $x^2 dy + (2xy - x + 1) dx = 0, y(1) = 0$.

Ⅲ 综合计算及应用题型

涉及变量可分离或一阶线性微分方程的有关综合题（含简单的应用题）

11. (7') 设 $f(x) = \cos x + \int_{\pi}^{x} f(t)\sin t dt$, 求 $f(x)$.

12. (7') 设有一条连接 $A(0,1), B(1,0)$ 两点的曲线, 它位于弦 AB 之上, $P(x,y)$ 为曲线上任一点, 已知曲线与弦 AP 之间（位于弦 AP 上方）的面积等于 P 点横坐标的立方, 求该曲线方程.

13. (7') 设 $f(x)$ 在 $[1, +\infty)$ 上连续, 若由曲线 $y = f(x)$, 直线 $x = 1, x = t (t > 0)$ 与 x 轴所围成的平面图形绕 x 轴旋转一周所成的旋转体体积为 $V(t) = \dfrac{\pi}{3}[t^2 f(t) - f(1)]$, 求 $y = f(x)$ 所满足的微分方程, 并求该方程满足 $y(2) = \dfrac{2}{9}$ 的特解.

*14. (7') 设曲线积分 $\int_L y f(y) dx - x[f(y) - y e^y] dy$ 在上半平面与路径无关, $f(y)$ 可导, 且 $f(1) = e$, 求 $f(y)$.

15. (7') 将质量为 m 的物体垂直上抛, 假设初始速度为 v_0, 空气阻力与速度成正比, 比例系数为 k, 试求物体上升过程中速度与时间的函数关系.

16. (7') 冷却定律指出, 物体在空气中冷却速度与物体和空气温度之差成正比. 已知空气温度为 $30°C$ 时, 物体由 $100°C$ 经 $15\min$ 冷却到 $70°C$, 问该物体冷却至 $40°C$ 需用多长时间？

17. (7') 某商店的经营成本 y 随销售收入 x 的增加的变化率等于销售收入与成本之差再加常数 2, 并且销售收入为零时的成本为 5, 求成本函数.

18. (7') 特技跳伞运动员在离开飞机一段时间后才打开降落伞. 设此时 ($t = 0$) 运动员下落的速度是 60m/s, 打开伞后受到的空气阻力 R 与速度成正比, 比例系数为 k, 运动员及所携带的装备的总重量为 $m\text{kg}$, 求打开伞后运动员速度的变化规率.

Ⅳ 提高题型

难度较大的计算或综合应用题型

19. (每题 $7'$) 求下列微分方程的解：

(1) $y' = \dfrac{y}{2(\ln y - x)}$； (2) $(x - \sin y)dy + \tan y dy = 0, y(0) = \dfrac{\pi}{2}$；

(3) $ydx = (x + \sqrt{x^2 + y^2})dy$.

20. $(7')$ 设 $f(x)$ 是正值连续函数，$f(0) = 1$，且对任何 $x > 0$，曲线 $y = f(x)$ 在 $[0, x]$ 上的一段弧长总是等于由过 x 轴上点 x 且垂直于 x 轴的直线及 x 轴、y 轴与这段弧围成的曲边梯形面积，求这条曲线的方程.

21. $(7')$ 设某种商品的需求量 D 与供给量 S 各自对价格 p 的函数为 $D(p) = \dfrac{a}{p^2}$，$S(p) = bp$，价格 p 是时间 t 的函数，且 p 关于时间的变化率与 $D(p) - S(p)$ 成正比，比例系数为 k，其中 a, b, k 都是正常数，试求：(1) 需求量与供给量相等时的均衡价格 p_e；(2) $t \to +\infty$ 时，$p(t)$ 的极限.

22. $(7')$ 某剧场刚散场时，剧场内空气中 CO_2 的含量是 4%，现在每分钟输入 $1000 m^3$ 的新鲜空气，其中 CO_2 的含量是 0.02%，剧场的容积是 $10000 m^3$. 假定输入的新鲜空气很快地就与原有空气混合均匀后，以相同的流量排出. 问经过多长时间后剧场内空气中 CO_2 的含量降至 1%？

三、二阶微分方程（A：§12.6，§12.7，§12.8，§12.9；B：§11.4，§11.5，§11.6）

Ⅰ 内容要求

(i) 学会用降阶法解下列方程：$y'' = f(x)$，*$y'' = f(x, y')$，*$y'' = f(y, y')$.

*(ii) 理解二阶微分方程解的结构.

(iii) 掌握二阶常系数线性齐次微分方程的解法.

(iv) 学会确定自由项形如 $P_n(x)e^{\lambda x}$ 的二阶常系数线性非齐次微分方程的特解形式，自学自由项形如 $e^{\lambda x}(A\cos\beta x + B\sin\beta x)$ 的二阶常系数线性非齐次微分方程的特解形式.

Ⅱ 基本题型

(i) $y'' = f(x)$ 的求解

23. (每题 $7'$) 求解下列二阶微分方程：

(1) $y'' = \dfrac{1}{x}$； (2) $y'' = e^{2x} + \cos 3x$.

*(ii) 简单的 $y'' = f(x, y')$ 型的求解

24. (每题 $7'$) 求解下列微分方程：

(1) $xy'' + y' = 2x$； (2) $(1 + x^2)y'' - 2xy' = 0$.

*(iii) 有关二阶微分方程解的结构的客观题

25. $(4')$ 已知：$y_1 = \cos\omega x$，$y_2 = 3\cos\omega x$ 是 $y'' + \omega^2 y = 0$ 的解，则 $y = C_1 y_1 + C_2 y_2$（C_1, C_2 为任意常数）应是 （ ）

A. 该方程的通解

B. 该方程的特解

C. 该方程的解,但不是通解,也不是特解

D. 不一定是方程的解.

26. (4′)已知:y_1,y_2 为 $y''+P(x)y'+Q(x)y=0$ 的两个线性无关的特解,y_3 是 $y''+P(x)y'+Q(x)y=f(x)$ 的一个特解,则 $y''+P(x)y'+Q(x)y=f(x)$ 的通解可表示为 _____.

27. (4′)已知:y_1,y_2 为 $y''+P(x)y'+Q(x)y=f(x)$ 的两个特解,则下列必成为 $y''+P(x)y'+Q(x)y=0$ 特解的是 （　　）

A. y_1+y_2 B. y_1-y_2 C. $y_1 \cdot y_2$ D. $\dfrac{y_1}{y_2}$

(iv) 二阶常系数线性齐次微分方程的求解

28. (每题 7′)求解下列二阶微分方程:
(1) $y''-5y'+6y=0$;   (2) $y''+2y'+y=0$ 满足 $y(0)=4,y'(0)=-2$;
(3) $y''+4y'=0$;   (4) $y''+4y=0$.

(v) 求自由项形如 $P_n(x)$ 或 $Ae^{\lambda x}$ 的二阶常系数线性非齐次微分方程的通解

29. (每题 7′)求解下列二阶微分方程:
(1) $y''-2y'-3y=6x+1$;   (2) $y''+2y'-3y=e^{-3x}$.

(vi) 确定自由项形如 $P_n(x)e^{\lambda x}$ 的二阶常系数线性非齐次微分方程的特解形式,以客观题形式出现

30. (4′)微分方程 $y''+\pi y'=xe^{\pi x}$ 的一个特解可设为 （　　）

A. $(ax+b)e^{\pi x}$ B. $ax^2 e^{\pi x}$ C. $(ax^2+b)e^{\pi x}$ D. $(ax^2+bx)e^{\pi x}$

31. (4′)微分方程 $y''-4y'+4y=(x^2+1)e^{2x}$ 的一个特解可设为 （　　）

A. $(ax^2+b)e^{2x}$ B. $x(ax^2+bx+c)e^{2x}$
C. $x^2(ax^2+b)e^{2x}$ D. $x^2(ax^2+bx+c)e^{2x}$

Ⅲ 提高题型

*(i) $y''=f(y,y')$ 型方程的求解

32. (每题 7′)求解下列微分方程:
(1) $y''+\sqrt{1-y'^2}=0$;   (2) $y''=(y')^3+y'$.

(ii) 二阶常系数线性非齐次微分方程在初始条件下的特解确定

33. (7′) $y''+y+\sin 2x=0, y(\pi)=1, y'(\pi)=1$.

34. (7′) $y''+4y=\dfrac{1}{2}(x+\cos 2x), y(0)=y'(0)=0$.

(iii) 涉及二阶微分方程的综合题(含应用题)(自学)

35. (7′)设函数 u 的全微分 $du=[e^x+f'(x)]ydx+f'(x)dy$,其中 f 在 **R** 内有二阶连续的偏导,且 $f(0)=4, f'(0)=3$,求 $f(x)$ 及 u.

36. (7′)设圆柱形浮筒的直径 $d=0.5$m,铅直地置于水中.当稍向下压后突然放开,浮筒在水中上下振动的周期为 2s,求浮筒的质量.

(iv) 二阶以上的常系数线性齐次方程的通解确定(自学)

37. (7′) $y^{(4)}-2y'''+5y''=0$.

测 试 卷 十 二

一、选择题(7×4′)

1. 下列函数哪个不是 $x^2 y'' - 2xy' + 2y = 0$ 的通解 ( )

   A. $y = x(C_1 + C_2 x)$ B. $y = C_1 x(1 + C_2 x)$

   C. $y = ax^2 + bx$ D. $y = ax^2 + bx + c$

2. $y' = 10^{x+y}$ 的通解为 ( )

   A. $10^x - 10^{-y} = C$ B. $10^x + 10^{-y} = C$

   C. $10^{-x} + 10^y = C$ D. $10^{-x} + 10^y = C$

3. 下列方程中为一阶线性非齐次微分方程的是 ( )

   A. $yy' + x^2 y - x = 0$ B. $xy' + \sin x = 0$

   C. $\dfrac{\mathrm{d}x}{\mathrm{d}y} + x \tan y = \sin y$ D. $y' + xy^2 = \mathrm{e}^x$

4. $y = C_1 \mathrm{e}^{-x} + C_2 \mathrm{e}^x$ 是下列哪个微分方程的通解 ( )

   A. $y'' - y = 0$ B. $y'' + y = 0$ C. $y'' - y' = 0$ D. $y'' + y' = 0$

*5. 在处理形如 $\begin{cases} y'' = f(y, y') \\ y = y(x) \end{cases}$ 的微分方程时,令 $y' = p$,则原方程直接变为 ( )

   A. p 关于 x 的一阶微分方程   B. p 关于 y 的一阶微分方程

   C. y 关于 x 的一阶微分方程   D. p' 关于 y 的一阶微分方程

*6. 令 y_1, y_2, y_3 是二阶微分方程 $y'' + P(x)y' + Q(x)y = f(x)$ 的三个特解,且 $\dfrac{y_1 - y_2}{y_2 - y_3} \neq k$,则其通解可表示为 ( )

   A. $C_1 y_1 + C_2 y_2 + y_3$ B. $C_1 (y_1 - y_2) + C_2 (y_2 - y_3)$

   C. $C_1 (y_1 - y_2) + C_2 (y_2 - y_3) + y_3$ D. $C_1 (y_1 + y_2) + C_2 (y_2 + y_3) + y_3$

*7. $y'' - 2y' - 3y = \mathrm{e}^{3x} + x$ 的一个特解可表示为 ( )

   A. $\mathrm{e}^{3x} + ax + b$ B. $k \mathrm{e}^{3x} + ax + b$

   C. $x \mathrm{e}^{3x} + ax + b$ D. $kx \mathrm{e}^{3x} + ax + b$

二、填空题(3×4′)

1. $y'' = \sqrt{x}$ 的通解为 _____.

2. 某种气体的气压 P 对于温度 T 的变化率与气压成正比,与温度的平方成反比,该物理命题用微分方程可表示成 _____.

3. $y \ln x \, \mathrm{d}x + x \ln y \, \mathrm{d}y = 0$ 的通解为 _____.

三、计算题(4×7′)

1. 求 $xyy' = y^2 - x^2$ 的通解.

2. 求 $xy' + (1-x)y = e^{2x}$ 的通解.

*3. 求 $(1-x^2)y'' = xy'$ 的通解.

4. 求 $2y'' + y' - y = 2e^x$ 的通解.

四、(8′) 设可导函数 $\varphi(x)\cos x + 2\int_0^x \varphi(t)\sin t\, dt = x + 1$,求 $\varphi(x)$.

五、(8′) 求一曲线的方程,使得该曲线上任一点 (x,y) 处的切线垂直于此点与原点的连线.

六、(8′) 设 $f(u,v)$ 具有连续偏导数，且满足 $f_u(u,v)+f_v(u,v)=uv$，求 $y(x)=e^{-2x}f(x,x)$ 所满足的一阶微分方程，并求其通解.

七、(两题选做一题，每题 7′)

1. 设子弹以 200m/s 的速度射入厚度为 0.1m 的木板，受到的阻力大小与子弹的速度的平方成正比. 如果子弹穿出木板时的速度为 80m/s，求子弹穿过木板所需的时间.

2. 设某种传染病在某地区发作，时刻 t 的患病者为 $I(t)$，健康者为 $S(t)$，假定该地区在传染病发作期间总人数 N 不变，如果传染速度 $\dfrac{dI}{dt}$ 与 $I(t)$ 与 $S(t)$ 的乘积成正比，比例系数为 k. 试求 $I(t)$，假设初始时刻 $t=0$ 的患病者为 I_0.

教学进程表

学年第二学期   课程——高等数学（A2）——部别   专业（本科）   班级

	周次	1	2	3	4	5	6	7	8	9	10	11	12	13	14	15	16	共计
教学进程表	讲课																	
	分析讨论课																	
	试验课																	
	大作业及设计																	
	自学时数																	
	每周时数共计																	

教学内容和时数安排

周次	授课日期	教学内容	讲课	分析讨论	实验	大作业及设计	自学	测验
	月 日	第七章 空间解析几何与向量代数 §1 向量及其线性运算	2					
	月 日	§2 数量积 向量积	2					
	月 日	习题课		2				
	月 日	§3 曲面及其方程 §4 空间曲线及其方程	2					
	月 日	§5 平面及其方程	2					
	月 日	§6 空间直线及其方程	2					
	月 日	习题课		2				
	月 日	第八章 多元函数微分法及其应用 §1 多元函数的基本概念	2					
	月 日	§2 偏导数	2					
	月 日	§3 全微分	1					
		习题课		1				
	月 日	§4 多元复合函数的求导法则	2					
	月 日	§5 隐函数的求导公式	2					
	月 日	习题课		2				
	月 日	§6 多元函数微分学的几何应用 §7 方向导数与梯度	2					
	月 日	§8 多元函数的极值及其求法	2					
	月 日	习题课		2				
	月 日	多元微分学习题课		2				
	月 日	第九章 重积分 §1 二重积分的概念与性质	2					
	月 日	§2 二重积分的计算法（一）	2					
	月 日	§2 二重积分的计算法（二）	2					
	月 日	§3 三重积分	2					

续表

周次	授课日期	教学内容	教学时数					
			讲课	分析讨论	实验	大作业及设计	自学	测验
	月 日	§4 重积分的应用	1					
		习题课		1				
	月 日	重积分习题课		2				
	月 日	第十章 曲线积分与曲面积分 §1 对弧长的曲线积分	2					
	月 日	§2 对坐标的曲线积分	2					
	月 日	§3 格林公式及其应用	2					
	月 日	习题课		2				
	月 日	§4 对面积的曲面积分	2					
	月 日	§5 对坐标的曲面积分	1					
		§6 高斯公式 通量与散度	1					
	月 日	习题课		2				
	月 日	多元积分学习题课		2				
	月 日	第十一章 无穷级数 §1 常数项级数的概念和性质	2					
	月 日	§2 常数项级数的审敛法（一）	2					
	月 日	§2 常数项级数的审敛法（二）	2					
	月 日	§3 幂级数	2					
	月 日	§4 函数展开成幂级数	2					
	月 日	习题课		2				
	月 日	§7 傅里叶级数	2					
	月 日	§8 一般周期函数傅里叶级数（自学）	1					
		习题课		1				
	月 日	无穷级数习题课		2				
	月 日	第十二章 微分方程 §1 微分方程的基本概念 §2 可分离变量的微分方程	2					
	月 日	§3 齐次方程 §4 一阶线性微分方程	2					
	月 日	习题课		2				
	月 日	§6 可降阶的高阶微分方程	2					
	月 日	§7 高阶线性微分方程 §8 常系数齐次线性微分方程	2					
	月 日	§9 常系数非齐次线性微分方程	2					
	月 日	习题课		2				
	月 日	总习题课		2				
授课共 96 学时								

《高等数学》A(2) 复习考试大纲

Ⅰ 总 要 求

本大纲适用于学习《高等数学》A类的本科班理工类学生.考生应按本大纲的要求,了解或理解《高等数学》中空间解析几何与向量代数、多元函数微分及其应用、重积分、曲线积分与曲面积分、无穷级数以及微分方程的基本理论与概念;知道或记忆上述各部分所涉及的基本公式与基本定理;学会或掌握上述各部分的基本方法.应注意各部分知识的结构及知识的内在联系,应具有一定的抽象思维能力、逻辑推理能力、运算能力、空间想象能力,能运用基本的概念、基本的理论和基本的方法正确地推理证明,准确地计算,能综合运用所学的知识分析并解决一些常见的综合题及简单的实际问题.

本大纲对内容的要求由低到高,对概念和理论分为"了解"和"理解"两个层次;对公式和定理分为"知道"和"记忆"两个层次;对方法和运算分为"学会"和"掌握"两个层次.有较高要求层次的内容必须要求学生深入理解,牢固记忆,熟练掌握,能做到举一反三,涉及该内容的考核试题占整张试卷分量的80%,其中基本试题占70%,综合应用题占30%.较低层次要求的内容也是必不可少,只是在教学要求上低于前者,涉及该部分内容的考核试题占整张试卷的20%,其中基本试题占70%,提高题占30%.

Ⅱ 内容要求及考试所占比例

七、空间解析几何与向量代数(约10分)

八、多元函数微分及其应用(约30分)

九、重积分(约15分)

十、曲线积分与曲面积分(约15分)

十一、无穷级数(约15分)

十二、微分方程(约15分)

各章具体内容要求见题册(含带 * 的部分).

Ⅲ 试卷结构(满分100分)

1. 基本题型　　选择题　　30%左右

　　　　　　　　计算题　　30%左右

2. 综合应用题型——30%左右

3. 提高题型——10%左右

高等数学(A2) 期末模拟试卷(一)

题号	一	二				三	四	五	六	七	总分
		1	2	3	4						
得分											

一、选择题(本大题共10小题,每题3′,共30′)

1. 与向量 $\boldsymbol{a}=(1,-1,0)$ 与 $\boldsymbol{b}=(1,0,-2)$ 同时垂直的单位向量是 ( )

   A. $(1,2,2)$ B. $\left(\dfrac{2}{3},\dfrac{2}{3},\dfrac{1}{3}\right)$ C. $(2,2,1)$ D. $\left(\dfrac{1}{3},\dfrac{2}{3},\dfrac{2}{3}\right)$

2. 设 $z=2^x+y^2$,则 $\mathrm{d}z=$ ( )

   A. $x2^{x-1}\mathrm{d}x+2y\mathrm{d}y$ B. $2^x\mathrm{d}x+2y\mathrm{d}y$

   C. $2^x\ln2\mathrm{d}x+2y\mathrm{d}y$ D. $2^x\ln2\mathrm{d}x+2yy'\mathrm{d}y$

3. 函数 $f(x,y,z)=x^2-2y^2+3z^2$ 在点 $(1,1,1)$ 处沿下列哪个方向的方向导数最大 ( )

   A. $(-1,-2,-3)$ B. $(-1,-2,3)$ C. $(1,-2,3)$ D. $(1,2,3)$

4. 记 $\iiint\limits_{\Omega}\mathrm{d}v=7a$,其中 $\Omega=\{(x,y,z)\mid 1\leqslant x^2+y^2+z^2\leqslant 4\}$,则 $a=$ ( )

   A. $\dfrac{1}{3}\pi$ B. $\dfrac{2}{3}\pi$ C. π D. $\dfrac{4}{3}\pi$

5. 化 $\iint\limits_{D}f(x,y)\mathrm{d}\sigma$ 为二次积分,其中 D 由 $y=2,y=x$ 以及 $xy=1$ 围成,正确的是 ( )

   A. $\int_1^2\mathrm{d}x\int_{\frac{1}{x}}^x f(x,y)\mathrm{d}y$ B. $\int_0^2\mathrm{d}x\int_{\frac{1}{x}}^x f(x,y)\mathrm{d}y$

   C. $\int_0^2\mathrm{d}y\int_{\frac{1}{x}}^x f(x,y)\mathrm{d}x$ D. $\int_1^2\mathrm{d}y\int_{\frac{1}{y}}^y f(x,y)\mathrm{d}x$

6. 设 L 的方程为 $x^2+y^2=4$,则 $\dfrac{1}{\pi}\oint_L(x^2+y^2)^{1001}\mathrm{d}s=$ ( )

   A. 2^{2003} B. 2^{2004} C. 2^{2005} D. 2^{2006}

7. 设空间闭区域 $\{\Omega=(x,y,z)\mid 0\leqslant x\leqslant 1, 0\leqslant y\leqslant 2, |z|\leqslant 1\}$,$\Sigma$ 是 Ω 的整个边界曲面的外侧,用高斯公式计算 $\oiint\limits_{\Sigma}x\mathrm{d}y\mathrm{d}z+y\mathrm{d}z\mathrm{d}x+z\mathrm{d}x\mathrm{d}y$ 得 ( )

   A. 4   B. 8   C. 12   D. 16

8. 下列级数中收敛的是 ( )

   A. $\sum\limits_{n=1}^{\infty}\dfrac{n+1}{n}$ B. $\sum\limits_{n=1}^{\infty}\dfrac{1}{\sqrt{n(n+1)}}$ C. $\sum\limits_{n=1}^{\infty}\dfrac{n}{\sqrt{n+1}}$ D. $\sum\limits_{n=1}^{\infty}\dfrac{1}{n\sqrt{n+1}}$

9. $y=C_1+C_2\mathrm{e}^x$ 是下列哪个微分方程的通解 ( )

   A. $y''-y'=0$ B. $y''+y'=0$ C. $y''-y=0$ D. $y''+y=0$

10. 若幂级数 $\sum\limits_{n=0}^{\infty} a_n x^n$ 在 $x=-2$ 处收敛,则该级数在 $x=-1$ 处 （　　）

A. 条件收敛　　　　B. 绝对收敛　　　　C. 发散　　　　D. 敛散性无法确定

二、计算题(本大题共 4 小题,每题 7′,共 28′)

1. $z = f\left(xy, \dfrac{x}{y}\right) + g\left(\dfrac{y}{x}\right)$,其中 f, g 均可微,求 $\dfrac{1}{x} \cdot \dfrac{\partial z}{\partial x} + \dfrac{1}{y} \cdot \dfrac{\partial z}{\partial y}$.

2. 若 $D = \{(x,y) \mid x^2 + y^2 \leqslant 1\}$,求 $\iint\limits_{D} \sqrt{1-x^2-y^2}\,\mathrm{d}x\mathrm{d}y$.

3. 解微分方程 $\begin{cases} y' + 2xy = 2x\mathrm{e}^{-x^2}, \\ y(0) = 0. \end{cases}$

4. 设 $f(x)$ 是周期为 2π 的周期函数,它在 $[-\pi, \pi]$ 上的表达式为 $f(x) = x^3 + 1$,求傅里叶系数 a_3.

三、计算题(本题 9′)

若 $\dfrac{ay}{x^2+y^2}dx + \dfrac{x}{x^2+y^2}dy$ 是 $u(x,y)$ 的全微分,求 a 以及 $u(x,y)$.

四、计算题(本题 8′)

求 $\displaystyle\sum_{n=1}^{\infty}(-1)^n\dfrac{x^{2n+1}}{2n+1}$ 的收敛域及和函数.

五、计算判断题(本题 8′)

求曲线 $x=t, y=\dfrac{1}{t}, z=t+\dfrac{1}{t}$ 在 $t=1$ 处的切线方程 L,并判断 L 与平面 $x+y+2z-6=0$ 的位置关系.

六、计算题(本题 8′)

设曲线积分 $\int_L F(x,y)(y\mathrm{d}x+x\mathrm{d}y)$ 与积分路径无关,且方程 $F(x,y)=0$ 确定的隐函数 $y=f(x)$ 的图形过点 $(1,2)$,其中 $F(x,y)$ 可微,求 $y=f(x)$.

七、应用题(本题 9′)

某油田使用的贮油罐,两端为对称的圆锥形顶,中间为圆柱形,其截面如图所示. 在体积为定值 V_0 时,问图示中的 r,h,L 满足什么关系时,可使制作贮油罐的用料最省?

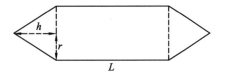

高等数学(A2) 期末模拟试卷(二)

题号	一	二				三	四	五	六	七	总分
		1	2	3	4						
得分											

一、选择题(本大题共10小题,每题 $3'$,共 $30'$)

1. 由向量 $\boldsymbol{a}=(2,0,1), \boldsymbol{b}=(2,1,0)$ 围成的平行四边形的面积为 ( )

   A. $\dfrac{3}{2}$　　　　B. 2　　　　C. 3　　　　D. 4

2. 平面 $x+2y-z+3=0$ 与空间直线 $\dfrac{x-1}{3}=\dfrac{y+1}{-1}=\dfrac{z-2}{1}$ 的位置关系是 ( )

   A. 相互垂直　　　　　　　　　　B. 相互平行但直线不在平面上
   C. 既不平行也不垂直　　　　　　D. 直线在平面上

3. 设 $z=F(x^2+2y)$,则 $\dfrac{\partial^2 z}{\partial x \partial y}=$ ( )

   A. $xF''(x^2+2y)$　　　　　　　B. $2xF''(x^2+2y)$
   C. $4xF''(x^2+2y)$　　　　　　D. $4xyF''(x^2+2y)$

4. 设 $z=f(x,y)$,则 $\int_0^1 \mathrm{d}y \int_y^{\sqrt{y}} z\,\mathrm{d}x$ 的另一种积分次序为 ( )

   A. $\int_0^1 \mathrm{d}x \int_x^{\sqrt{x}} z\,\mathrm{d}y$　　　　　　B. $\int_0^1 \mathrm{d}x \int_{\sqrt{x}}^{x} z\,\mathrm{d}y$

   C. $\int_0^1 \mathrm{d}x \int_{x^2}^{x} z\,\mathrm{d}y$　　　　　　D. $\int_0^1 \mathrm{d}x \int_x^{x^2} z\,\mathrm{d}y$

5. 空间曲线 $\begin{cases} x=2t, \\ y=-t^2, \\ z=3 \end{cases}$ 在相应于 $t=1$ 时切线的一个方向向量为 ( )

   A. $(1,1,0)$　　B. $(1,-1,0)$　　C. $(1,-1,3)$　　D. $(2,-2,3)$

6. 若 Σ 为椭球面 $x^2+y^2+\dfrac{z^2}{4}=1, x \geqslant 0, y \geqslant 0, z \leqslant 0$ 的上侧, D 为 Σ 在 xOy 面的投影区域,则曲面积分 $\iint\limits_{\Sigma} f(z)\,\mathrm{d}x\mathrm{d}y$ 可化为如下的二重积分 ( )

   A. $-\iint\limits_{D} f(-2\sqrt{1-x^2-y^2})\,\mathrm{d}x\mathrm{d}y$　　B. $\iint\limits_{D} f(-2\sqrt{1-x^2-y^2})\,\mathrm{d}x\mathrm{d}y$

   C. $-\iint\limits_{D} f(2\sqrt{1-x^2-y^2})\,\mathrm{d}x\mathrm{d}y$　　D. $\iint\limits_{D} f(2\sqrt{1-x^2-y^2})\,\mathrm{d}x\mathrm{d}y$

7. 设 Ω 是由曲面 $z=x^2+y^2$ 及平面 $z=2$ 所围成的区域,则 $\iiint\limits_{\Omega} f(x,y,z)\,\mathrm{d}v$ 可化为三次积分 ( )

A. $\int_0^{2\pi}d\theta\int_0^2 rdr\int_r^2 f(r\cos\theta,r\sin\theta,z)dz$
B. $\int_0^{2\pi}d\theta\int_0^{\sqrt{2}} rdr\int_{r^2}^2 f(r\cos\theta,r\sin\theta,z)dz$
C. $\int_0^{2\pi}d\theta\int_0^2 rdr\int_{r^2}^2 f(r\cos\theta,r\sin\theta,z)dz$
D. $\int_0^{2\pi}d\theta\int_0^{\sqrt{2}} rdr\int_r^{\sqrt{2}} f(r\cos\theta,r\sin\theta,z)dz$

8. 微分方程 $y''+4y'+4y=xe^{-2x}$ 的一个特解可设为 ( )

A. $(ax+b)e^{-2x}$
B. $x(ax+b)e^{-2x}$
C. $x^2(ax+b)e^{-2x}$
D. x^3e^{-2x}

9. $y'=e^{x+y}$ 的通解为 ( )

A. $e^x-e^{-y}=C$
B. $e^x+e^{-y}=C$
C. $e^{-x}+e^y=C$
D. $e^x+e^y=C$

10. 设 $f(x)$ 是以 2π 为周期的周期函数，其在 $(-\pi,\pi]$ 上的解析式为
$f(x)=\begin{cases}-x, & -\pi<x\le 0,\\ 2+x, & 0<x\le\pi,\end{cases}$ 则 $f(x)$ 的傅里叶级数在 $x=\pi$ 处收敛于 ( )

A. $-\pi$ B. 1 C. 2 D. $\pi+1$

二、计算题（本大题共 4 小题，每题 $7'$，共 $28'$）

1. 设 $\sin(x-2z)+\cos(y-3z)=0$ 确定了隐函数 $z=z(x,y)$，求 dz.

2. 函数 $f(x,y,z)=x^2+y^2-2z^2+3$ 在点 $\left(1,1,\dfrac{\sqrt{7}}{2}\right)$ 处沿哪个方向的方向导数最大？并求最大值.

3. 求解微分方程 $xy''+y'=x^2$.

4. 求 $\sum_{n=1}^{\infty}(-1)^n \dfrac{8^n}{n^2+3} x^{3n+1}$ 的收敛半径.

三、计算题（本题 9′）

记曲面 $\dfrac{1}{2}z = y + \ln\dfrac{x}{z}$ 在点 $M_0(x_0, y_0, z_0)$ 处的切平面为 Π，若已知直线 $L: \dfrac{x}{2} = y = 3 - z$ 与 Π 垂直，求点 $M_0(x_0, y_0, z_0)$ 及 Π 的方程.

四、计算题（本题 8′）

用高斯公式计算 $\oiint_\Sigma (x+y^2)\mathrm{d}y\mathrm{d}z + (z^2-2y)\mathrm{d}z\mathrm{d}x + (3z-x^2)\mathrm{d}x\mathrm{d}y$，其中 Σ 为由 $\dfrac{x}{2} + \dfrac{y}{3} + \dfrac{z}{4} = 1$ 与三个坐标面所围成的四面体表面外侧.

五、证明计算题（本题 8′）

证明：曲线积分 $\int_{(0,0)}^{(\pi,\pi)} (e^y + \sin x)\mathrm{d}x + (xe^y - \cos y)\mathrm{d}y$ 在整个 xOy 面内与路径无关，并计算积分值.

六、计算题（本题 $8'$）

连续函数 $f(x)$ 的定义域为 $[0,+\infty)$，且满足
$$f(t) = \iint_D f(x^2+y^2)\mathrm{d}x\mathrm{d}y + 1,$$
其中 $D=\{(x,y)\mid x^2+y^2\leqslant t, y\geqslant 0\}$，求 $f(x)$.

七、应用题（本题 $9'$）

有一座小山，取其底平面为 xOy 坐标面，小山底部外沿曲线为 $x^2+y^2-xy-75=0$，坡度函数为 $f(x,y)=\sqrt{(y-2x)^2+(x-2y)^2}$. 现欲利用此山开展攀岩活动，需在山脚寻找一上山坡度最大的地方作为攀岩起点，试确定其位置.

教学进程表

学年第二学期　　课程——高等数学(B2)——部别　　专业(本科)　　班级

教学进程表	周次	1	2	3	4	5	6	7	8	9	10	11	12	13	14	15	16	共计
	讲课																	
	分析讨论课																	
	试验课																	
	大作业及设计																	
	自学时数																	
	每周时数共计																	

教学内容和时数安排

周次	授课日期	教　学　内　容	教　学　时　数					
			讲课	分析讨论	实验	大作业及设计	自学	测验
	月　日	第六章　定积分的应用						
		§1　定积分的元素法	2					
		§2　平面图形的面积						
	月　日	§3　体积(旋转体体积)	2					
		§5　定积分在物理学与经济学中的应用举例(自学)						
	月　日	习题课		2				
		第七章　多元函数微分学	2					
		§1　空间解析几何基础(一)						
	月　日	§1　空间解析几何基础(二)(增加向量积内容)	2					
	月　日	习题课		2				
	月　日	§1　空间解析几何基础(三)(平面)	2					
	月　日	§1　空间解析几何基础(四)(直线)	2					
	月　日	§1　空间解析几何基础(五)(曲面)	1					
		习题课		1				
	月　日	§2　多元函数的概念	2					
		§3　二元函数的极限与连续						
	月　日	§4　偏导数(偏弹性自学)	2					
	月　日	§5　全微分	1					
		习题课		1				
	月　日	§6　复合函数微分法	2					
	月　日	§7　隐函数微分法	2					
		习题课		2				
	月　日	第八章　偏导数在经济问题中的应用						
		§1　一些常见的多元经济函数	2					
		§2　多元经济函数的边际函数与偏弹性(自学)						
		§3　多元函数的极值						

续表

周次	授课日期	教学内容	教学时数					
			讲课	分析讨论	实验	大作业及设计	自学	测验
	月 日	§4 条件极值在优化理论中的应用	2					
	月 日	§5 多元函数微分法的几何应用	2					
	月 日	习题课		2				
	月 日	第九章 重积分 §1 二重积分的概念与性质	2					
	月 日	§2 直角坐标系中二重积分的计算	2					
	月 日	§2 二重积分的极坐标变换	2					
	月 日	习题课		2				
	月 日	第十章 无穷级数 §1 常数项级数的概念与性质	2					
	月 日	§2 常数项级数的审敛法(一)	2					
	月 日	§2 常数项级数的审敛法(二)	2					
	月 日	习题课		2				
	月 日	§3 幂级数	2					
	月 日	§4 函数展开成幂级数	2					
		习题课		2				
	月 日	第十一章 常微分方程与差分方程 §1 微分方程的基本概念	2					
	月 日	§2 可分离变量的微分方程	2					
	月 日	§4 一阶线性微分方程	2					
	月 日	习题课		2				
	月 日	§5 二阶常系数齐次微分方程的求解	1					
		§6 二阶常系数非齐次线性微分方程	1					
	月 日	习题课		2				
	月 日	总习题课		2				
授课共74学时								

《高等数学》B(2) 复习考试大纲

Ⅰ 总 要 求

本大纲适用于学习《高等数学》B类的本、专科学生.考生应按本大纲的要求,了解或理解《高等数学》中定积分及其应用、微分方程、向量代数与空间解析几何、多元函数微分法及其应用、重积分以及无穷级数的基本理论与概念;知道或记忆上述各部分所涉及的基本公式与基本定理;学会或掌握上述各部分的基本方法.应注意各部分知识的结构及知识的内在联系,应具有一定的抽象思维能力、逻辑推理能力、运算能力、空间想象能力,能运用基本的概念、基本的理论和基本的方法正确地推理证明,准确地计算,能综合运用所学的知识分析并解决一些常见的综合题及简单的实际问题.

本大纲对内容的要求由低到高,对概念和理论分为"了解"和"理解"两个层次;对公式和定理分为"知道"和"记忆"两个层次;对方法和运算分为"学会"和"掌握"两个层次.有较高要求层次的内容必须要求学生深入理解,牢固记忆,熟练掌握,能做到举一反三,涉及该内容的考核试题占整张试卷分量的80%,其中基本试题占70%,综合应用题占30%.较低层次要求的内容也是必不可少,只是在教学要求上低于前者,涉及该部分内容的考核试题占整张试卷的20%,其中基本试题占70%,提高题占30%.

Ⅱ 内容要求及考试所占比例

六、定积分的应用(约10分)

七、向量代数与空间解析几何(约10分)

八、多元函数微分法及其应用(约30分)

九、重积分(约20分)

十、无穷级数(15分)

十一、微分方程(约15分)

各章具体内容要求见题册(不含带 * 的部分).

Ⅲ 试卷结构(满分100分)

1. 基本题型   选择题   30％左右

                    计算题   30％左右

2. 综合应用题型——30％左右

3. 提高题型——10％左右

高等数学(B2) 期末模拟试卷(一)

题号	一	二				三	四	五	六	七	总分
		1	2	3	4						
得分											

一、选择题(本大题共10小题,每题3′,共30′)

1. $z = \dfrac{1}{\sqrt{4-x^2-y^2}} + \ln(x^2+y^2-1)$,其定义域为 ( )

   A. $\{(x,y) \mid 1 < x^2+y^2 < 4\}$　　　B. $\{(x,y) \mid 1 \leqslant x^2+y^2 < 4\}$

   C. $\{(x,y) \mid 1 < x^2+y^2 \leqslant 4\}$　　　D. $\{(x,y) \mid 1 \leqslant x^2+y^2 \leqslant 4\}$

2. 设 $z = x^y$,则 $dz = $ ( )

   A. $x^y \ln x\, dx + y x^{y-1}\, dy$　　　B. $y x^{y-1}\, dx + x^y\, dy$

   C. $y x^{y-1} \ln x\, dx + x^y \ln x\, dy$　　　D. $y x^{y-1}\, dx + x^y \ln x\, dy$

3. 由椭圆 $\dfrac{x^2}{25} + \dfrac{y^2}{16} = 1$ 绕 y 轴旋转一周所生成的旋转体体积可表示为 ( )

   A. $2\pi \displaystyle\int_0^5 y^2\, dx$　　B. $4\pi \displaystyle\int_0^5 y^2\, dx$　　C. $2\pi \displaystyle\int_0^4 x^2\, dy$　　D. $4\pi \displaystyle\int_0^4 x^2\, dy$

4. 设 $\boldsymbol{a} = (1,2,3), \boldsymbol{b} = (2,3,4), \boldsymbol{c} = (1,-1,2)$,则 $(\boldsymbol{a} \times \boldsymbol{b}) \cdot \boldsymbol{c}$ 为 ( )

   A. -5　　　　B. -1　　　　C. 1　　　　D. 5

5. 设 $\Pi: 2x+3y+4z+5=0, L: \dfrac{x-1}{2} = \dfrac{y}{3} = \dfrac{z-1}{4}$,则 Π 与 L 的关系为 ( )

   A. L 与 Π 垂直　　B. L 与 Π 斜交　　C. L 与 Π 平行　　D. L 落于 Π 内

6. 若 $D = \{(x,y) \mid |x| \leqslant 2, |y| \leqslant 4\}, D_1 = \{(x,y) \mid 0 \leqslant x \leqslant 2, 0 \leqslant y \leqslant 4\}$, $f(\sqrt{x^2+y^2})$ 为 D 上的连续函数,则 $\iint\limits_D f(\sqrt{x^2+y^2})\, d\sigma$ 可化为 ( )

   A. $\iint\limits_{D_1} f(\sqrt{x^2+y^2})\, d\sigma$　　　B. $2\iint\limits_{D_1} f(\sqrt{x^2+y^2})\, d\sigma$

   C. $4\iint\limits_{D_1} f(\sqrt{x^2+y^2})\, d\sigma$　　　D. $8\iint\limits_{D_1} f(\sqrt{x^2+y^2})\, d\sigma$

7. 下列哪个函数是某一二阶微分方程的通解 ( )

   A. $y = Cx + e^x$　　　B. $y = C_1 e^{C_2+x} + x$

   C. $y = C_1 e^x + C_2 x$　　　D. $y = C_1 C_2 (x + e^x)$

8. 下列哪个级数收敛 ( )

   A. $\displaystyle\sum_{n=1}^{\infty} (-1)^n$　　B. $\displaystyle\sum_{n=1}^{\infty} \dfrac{1}{\sqrt{n+100}}$　　C. $\displaystyle\sum_{n=1}^{\infty} \dfrac{n}{n+100}$　　D. $\displaystyle\sum_{n=1}^{\infty} \dfrac{100}{n^{100}}$

9. 若 $\iint\limits_D d\sigma = 4$,其中 $D: 0 \leqslant x \leqslant a, 0 \leqslant y \leqslant ax$,则正数 $a = $ ( )

A. $2^{\frac{2}{3}}$ B. 2   C. $2^{\frac{4}{3}}$ D. $2^{\frac{3}{2}}$

10. 若幂级数 $\sum_{n=1}^{\infty} a_n(x-1)^n$ 在 $x=3$ 处条件收敛,则其收敛半径为   （ ）

A. 1   B. 2   C. 3   D. 4

二、计算题（本大题共 4 小题,每题 $7'$,共 $28'$）

1. 设 $z=f(u,v)$ 具有二阶连续偏导数,若 $z=f(\sin x,\cos y)$,求 $\dfrac{\partial z}{\partial x}$,$\dfrac{\partial^2 z}{\partial x \partial y}$.

2. 设 $z=\sin(x^2+y^2)$,求 $\iint\limits_{D} z \,\mathrm{d}x\mathrm{d}y$,其中 $D: \pi^2 \leqslant x^2+y^2 \leqslant 4\pi^2$.

3. 设曲线 $y=\mathrm{e}^{2x}$,$y=\ln(x+1)$ 与直线 $x=1$ 及 y 轴所围成的区域为 D,求 D 的面积.

4. 解微分方程 $x\dfrac{\mathrm{d}y}{\mathrm{d}x}=y+x^2\mathrm{e}^{-x}$.

三、计算题（本题 $9'$）

设 $I=\int_{0}^{\frac{\pi}{2}}\mathrm{d}y\int_{y}^{\sqrt{\frac{\pi y}{2}}}\dfrac{\sin x}{x}\mathrm{d}x$.

(1) 改变积分次序；

(2) 计算 I 的值.

四、证明题（本题 8'）

求证：曲面 $\sqrt{x}+\sqrt{y}+\sqrt{z}=\sqrt{a}$ 上任何点处的切平面在各坐标轴上的截距之和等于 a.

五、计算题（本题 8'）

求 $\sum_{n=1}^{\infty}(-1)^n \dfrac{x^{n+1}}{n}$ 的收敛域及和函数.

六、计算题（本题 8'）

设 $y=f(x)$ 是第一象限内连接 $A(0,1), B(1,0)$ 的一段连续曲线，$M(x,y)$ 为该曲线上任意一点，点 C 为 M 在 x 轴上的投影，O 为坐标原点. 若梯形 $OCMA$ 的面积与曲边三角形 CBM 的面积之和为 $\dfrac{x^3}{6}+\dfrac{1}{3}$，求 $f(x)$ 的表达式.

七、应用题（本题 9'）

设生产某种产品必须投入两种要素，x_1 和 x_2 分别为两种要素的投入量，产出量为 $Q=2x_1^{\frac{1}{3}}x_2^{\frac{2}{3}}$，若两种要素的价格之比为 $\dfrac{p_1}{p_2}=4$，试问：当产出量 $Q=12$ 时，两种要素的投入量 x_1, x_2 各为多少，可以使得投入总费用最小？

高等数学(B2) 期末模拟试卷(二)

题号	一	二				三	四	五	六	七	总分
		1	2	3	4						
得分											

一、选择题(本大题共 10 小题,每题 3′,共 30′)

1. 设 $f(x,y)=\ln(x-\sqrt{x^2-y^2})$,其中 $x>y>0$,则 $f(x+y,x-y)=$ ( )
   A. $\ln(\sqrt{x}-\sqrt{y})$ B. $2\ln(\sqrt{x}-\sqrt{y})$ C. $\ln(x-y)$ D. $2\ln(x-y)$

2. 设 $\boldsymbol{a}=(1,2,1),\boldsymbol{b}=(-1,3,2)$,则 $\boldsymbol{a}\times\boldsymbol{b}=$ ( )
   A. $(-1,-3,-5)$ B. $(-1,3,5)$ C. $(1,-3,5)$ D. $(1,3,5)$

3. 若直线 $2x=3y=z-2$ 平行于平面 $4x+\lambda y+z=0$,则 $\lambda=$ ( )
   A. -9 B. -3 C. -2 D. 0

4. 设 $f(x,y)=x^2+xy-y^2$ 的驻点为 $(0,0)$,则 $f(0,0)$ 是 ( )
   A. $f(x,y)$ 的极小值
   B. $f(x,y)$ 的极大值
   C. 非 $f(x,y)$ 的极值
   D. 非零值

5. 设 $z=f\left(\dfrac{y}{x},\dfrac{x}{y}\right)$,且 $f(u,v)$ 具有一阶连续偏导数,则 $\dfrac{\partial z}{\partial x}=$ ( )
   A. $yf_u+\dfrac{1}{y}f_v$
   B. $yf_u-\dfrac{1}{y^2}f_v$
   C. $-\dfrac{y}{x^2}f_u+\dfrac{1}{y}f_v$
   D. $-\dfrac{1}{x^2}f_u+\dfrac{1}{y}f_v$

6. 若 $I_1=\iint\limits_D\sqrt{x^3-y}\,\mathrm{d}\sigma$,$I_2=\iint\limits_D\sqrt[3]{x^3-y}\,\mathrm{d}\sigma$,其中 $D=\{(x,y)\mid 1\leqslant x\leqslant 2,-1\leqslant y\leqslant 0\}$,则 ( )
   A. $I_1\leqslant I_2$ B. $I_1\geqslant I_2$ C. $I_1=I_2$ D. $I_1<I_2$

7. $y''-4y'=0$ 的通解为 ( )
   A. $y=C_1\mathrm{e}^{-2x}+C_2\mathrm{e}^{2x}$
   B. $y=(C_1+C_2x)\mathrm{e}^{4x}$
   C. $y=C_1x+C_2\mathrm{e}^{4x}$
   D. $y=C_1+C_2\mathrm{e}^{4x}$

8. 由 $y=x^3,x=y^2$ 所围成的图形绕 x 轴旋转一周得到的旋转体体积可表示为 ( )
   A. $\pi\int_0^1(x-x^3)\mathrm{d}x$
   B. $\pi\int_0^1(x^2-x^3)\mathrm{d}x$
   C. $\pi\int_0^1(x-x^6)\mathrm{d}x$
   D. $\pi\int_0^1(x^2-x^6)\mathrm{d}x$

9. 幂级数 $\sum\limits_{n=1}^{\infty}\dfrac{x^{2n}}{2^n}$ 的收敛半径为 ( )
   A. $\dfrac{1}{2}$ B. $\dfrac{1}{\sqrt{2}}$ C. $\sqrt{2}$ D. 2

10. 微分方程 $y\ln x \mathrm{d}x + x\ln y \mathrm{d}y = 0$ 满足初始条件 $y(e) = e$ 的特解为 ( )

A. $\ln x^2 + \ln y^2 = 0$
B. $\ln x^2 + \ln y^2 = 2$
C. $\ln^2 x - \ln^2 y = 0$
D. $\ln^2 x + \ln^2 y = 2$

二、计算题(本大题共 4 小题,每题 7′,共 28′)

1. 设 $z = \arccos \dfrac{x}{\sqrt{x^2 + y^2}}$,求 $\mathrm{d}z|_{(1,1)}$.

2. 设 $z = \arctan \dfrac{y}{x}$,求 $\iint\limits_{D} z \mathrm{d}x\mathrm{d}y$,其中 D 由 $y = \sqrt{1-x^2}, y = x, y = \sqrt{3}x$ 所围成.

3. 求 $a(a > 0)$ 值,使两曲线 $y^2 = ax, y = x - 2a$ 所围成的区域面积为 18.

4. 解微分方程 $\begin{cases} (x+1)y' - 2y = (x+1)^4, \\ y(0) = \dfrac{1}{2}. \end{cases}$

三、计算题（本题 $9'$）

设 $I = \int_0^1 dx \int_0^{\sqrt{x}} \dfrac{y^3}{y+2} dy + \int_1^2 dx \int_0^{2-x} \dfrac{y^3}{y+2} dy$.

（1）改变积分次序；

（2）计算 I 的值.

四、计算题（本题 $8'$）

在曲面 $z = xy$ 上求一点，使该点处曲面的法线垂直于平面 $x + 3y + z + 9 = 0$.

五、证明题（本题 $8'$）

当 $-6 < x < -2$ 时，求证：$\displaystyle\sum_{n=0}^{\infty} \left[\left(\dfrac{1}{2}\right)^{n+1} - \left(\dfrac{1}{3}\right)^{n+1}\right](x+4)^n = \dfrac{1}{x^2 + 3x + 2}$.

六、计算题(本题 8′)

求 $D = \{(x,y) \mid x^2 + y^2 \leq 9, y \geq 0\}$ 上的连续函数 $f(x,y)$ 使 $f(x,y) = x^3 y^2 + \sqrt{x^2 + y^2} - 2\iint\limits_D f(x,y)\,d\sigma$.

七、应用题(本题 9′)

要造一个无盖的长方体水槽,已知它的底部造价为每平方米 18 元,侧面造价均为每平方米 6 元,设计的总造价为 216 元,问如何选取它的尺寸,才能使水槽容积最大?

高等数学本科 A 类竞赛模拟试卷

题号	一	二	三	四	五	六	七	八	九	总分	核分人
分值											
得分											

一、填空题(本大题共 5 小题,每题 $4'$,共 $20'$)

1. $\lim\limits_{x \to 0} \dfrac{\tan(\tan x) - \sin(\sin x)}{\tan x - \sin x} = $ _____.

2. 设 $y(x)$ 满足 $y'' + (x-1)y' + x^2 y = e^x$,且 $y(0) = 0$,$y'(0) = 1$,则 $\lim\limits_{x \to 0} \dfrac{y(x) - x}{x^2} = $ _____.

3. 曲线 $\theta = \dfrac{1}{2}\left(\rho + \dfrac{1}{\rho}\right)$,$1 \leqslant \rho \leqslant 3$ 的弧长为 _____.

4. 设 $r = \sqrt{x^2 + y^2 + z^2}$,则 $\mathrm{div}(\mathrm{grad}\, r)\big|_{(1,-2,2)} = $ _____.

5. A, B 为半径为 1 的球面上相异两点,O 为球心,设向量 $\overrightarrow{OA}$ 与 $\overrightarrow{OB}$ 的夹角为 θ ($0 < \theta \leqslant \pi$),则 $\lim\limits_{\theta \to 0} \dfrac{1}{\theta^2}\left[\left|2\overrightarrow{OA}\right| + \left|3\overrightarrow{OB}\right| - \left|2\overrightarrow{OA} + 3\overrightarrow{OB}\right|\right] = $ _____.

二、选择题(本大题共 5 小题,每题 $4'$,共 $20'$)

1. 设 $f(x) = \dfrac{|\arctan x|}{e^x - 1}$,则函数图象具有 (   )

   A. 一条水平渐近线,一个跳跃间断点
   B. 一条水平渐近线,一个可去间断点
   C. 两条水平渐近线,一个跳跃间断点
   D. 两条水平渐近线,一个可去间断点

2. 设在全平面上有 $\dfrac{\partial f(x,y)}{\partial x} < 0$,$\dfrac{\partial f(x,y)}{\partial y} > 0$,则保证不等式 $f(x_1, y_1) < f(x_2, y_2)$ 成立的条件是 (   )

   A. $x_1 > x_2, y_1 < y_2$ B. $x_1 < x_2, y_1 < y_2$ C. $x_1 > x_2, y_1 > y_2$ D. $x_1 < x_2, y_1 > y_2$

3. 交换 $\int_{-1}^{0} \mathrm{d}y \int_{2}^{1-y} f(x,y)\,\mathrm{d}x$ 积分次序的正确结果为 (   )

   A. $\int_{1}^{2} \mathrm{d}x \int_{1-x}^{0} f(x,y)\,\mathrm{d}y$
   B. $\int_{1}^{2} \mathrm{d}x \int_{x-1}^{0} f(x,y)\,\mathrm{d}y$
   C. $\int_{1}^{2} \mathrm{d}x \int_{0}^{1-x} f(x,y)\,\mathrm{d}y$
   D. $\int_{1}^{2} \mathrm{d}x \int_{0}^{x-1} f(x,y)\,\mathrm{d}y$

4. 设 S 为八面体 $|x| + |y| + |z| \leqslant 1$ 全表面上半部分的上侧,则不正确的是(   )

   A. $\iint\limits_{S} y^2\,\mathrm{d}y\mathrm{d}z = 0$ B. $\iint\limits_{S} y\,\mathrm{d}y\mathrm{d}z = 0$ C. $\iint\limits_{S} x^2\,\mathrm{d}y\mathrm{d}z = 0$ D. $\iint\limits_{S} x\,\mathrm{d}y\mathrm{d}z = 0$

5. 设常数 $\lambda > 0$,则级数 $\sum\limits_{n=1}^{\infty} (-1)^n \tan(\sqrt{n^2 + \lambda}\,\pi)$ 的敛散性是 (   )

   A. 条件收敛 B. 绝对收敛 C. 发散 D. 敛散性与 λ 有关

三、计算题(本题 8′)

设函数 $f(x,y)$ 可微,$\dfrac{\partial f}{\partial x}=-f(x,y)$,$f\left(0,\dfrac{\pi}{2}\right)=1$,且满足 $\lim\limits_{n\to\infty}\left[\dfrac{f\left(0,y+\dfrac{1}{n}\right)}{f(0,y)}\right]^n=e^{\cot y}$,求 $f(x,y)$.

四、证明题(本题 8′)

设 $f(x)=x^2(x-1)^2(x-3)^2$,试问 $f''(x)=0$ 在区间 $(0,3)$ 上有几个实根?证明你的结论.

五、计算题(本题 8′)

设一球面的方程为 $x^2+y^2+(z+1)^2=4$,从原点向球面上任一点 Q 处的切平面作垂线,垂足为点 P,当点 Q 在球面上变动时,点 P 的轨迹形成一封闭曲面 S,求此封闭曲面 S 所围成的立体 Ω 的体积.

六、计算题(本题8′)

求级数 $\sum_{n=0}^{\infty} \dfrac{(-1)^n [(n+2)!+1]}{2^n \cdot n!}$ 的和.

七、证明题(本题8′)

设 $f(x)$ 是区间 $[a,b]$ $(a<b)$ 上的连续可微函数,且当 $x \in (a,b)$ 时,$0 < f'(x) < 1$,$f(a)=0$,证明:$\left[\int_a^b f(x)\mathrm{d}x\right]^2 > \int_a^b f^3(x)\mathrm{d}x$.

八、计算题（本题 $10'$）

设 $f(x)$ 连续可导，$f(1)=1$，G 为不包含原点的单连通域，任取 $M, N \in G$，在 G 内曲线积分 $\int_M^N \dfrac{1}{2x^2+f(y)}(y\,dx - x\,dy)$ 与路径无关．

(1) 求 $f(x)$；

(2) 求 $\int_\Gamma \dfrac{1}{2x^2+f(y)}(y\,dx - x\,dy)$，其中 Γ 为 $x^{\frac{2}{3}} + y^{\frac{2}{3}} = a^{\frac{2}{3}}$，取正向．

九、计算讨论题（本题 $10'$）

求幂级数 $\sum\limits_{n=0}^{\infty} \left(\dfrac{x-1}{a^n+1}\right)^n$ 的收敛区间，并讨论端点的敛散性，其中 $\sum\limits_{n=0}^{\infty}(-1)^n a_n$ 发散，且 $0 < a_{n+1} < a_n (n \in \mathbf{N})$．

高等数学本科 B 类竞赛模拟试卷

题号	一	二	三	四	五	六	七	八	总分	核分人
分值										
得分										

一、填空题（本大题共 10 小题，每题 $4'$，共 $40'$）

1. 若 $\lim\limits_{n\to\infty}\dfrac{n^{\frac{1}{3}}}{n^k-(n-1)^k}=A(A\neq 0,A\neq\infty)$，则 $(A,k)=$ _____.

2. 设 $p(x)=(1-x^3)^{2006}$，则 $p^{(2006)}(1)=$ _____.

3. $n\neq 0$，$\displaystyle\int\dfrac{x^{3n-1}}{(x^{2n}+1)^2}\mathrm{d}x=$ _____.

4. $\lim\limits_{n\to\infty}\left(\dfrac{n}{n^2+1}+\dfrac{n}{n^2+4}+\cdots+\dfrac{n}{n^2+n^2}\right)=$ _____.

5. 设 $r=\mathrm{e}^{\sqrt{3}\theta}$ 为曲线的极坐标方程，则切点的向径与切线的夹角，即从向径出发按逆时针方向转到切线所成的角 $\beta=$ _____.

6. 设 $z=z(x,y)$ 由方程 $F\left(\dfrac{y}{x},\dfrac{z}{x}\right)=0$ 确定（F 为任意可微函数），则 $x\dfrac{\partial z}{\partial x}+y\dfrac{\partial z}{\partial y}=$ _____.

7. $z=x^2+y^2-12x+16y$ 在区域 $x^2+y^2\leqslant 25$ 上的最大值为 _____.

8. 已知 $\dfrac{(x+ay)\mathrm{d}x+y\mathrm{d}y}{(x+y)^2}$ 为某函数的全微分，则 $a=$ _____.

9. $\displaystyle\int_0^1\mathrm{d}x\int_0^{\sqrt{x}}\mathrm{e}^{-\frac{y^2}{2}}\mathrm{d}y=$ _____.

10. $\displaystyle\sum_{n=1}^{\infty}\dfrac{n}{(n+1)2^n}=$ _____.

二、计算题（本题 $8'$）

设 $f(x)$ 在 $[0,+\infty)$ 内可导，$g(x)$ 在 $(-\infty,+\infty)$ 内有定义且可导，$f(0)=g(0)=1$，又当 $x>0$ 时，$f(x)+g(x)=3x+2$，$f'(x)-g'(x)=1$，$f'(2x)-g'(-2x)=-12x^2+1$，试求 $f(x)$ 与 $g(x)$.

三、计算题（本题 $8'$）

若方程 $x - \dfrac{\pi}{2}\sin x = k$ 在 $\left(0, \dfrac{\pi}{2}\right)$ 内无解，求 k 的取值范围.

四、计算题（本题 $10'$）

设曲线 C 经过点 $(0,1)$，且位于 x 轴上方，就数值而言，C 上任意两点之间的弧长都等于该弧以及它在 x 轴上的投影为边的曲边梯形的面积，求 C 的方程.

五、计算证明题（本题 $12'$）

设 $f(x)$ 在区间 $(-\infty, +\infty)$ 连续，$F(x) = \dfrac{1}{2a}\displaystyle\int_{x-a}^{x+a} f(t)\,\mathrm{d}t\,(a>0)$，$G(x) = \displaystyle\int_0^x f(t)\,\mathrm{d}t$.

(1) 用 $G(x)$ 表示 $F(x)$；　　　(2) 求 $F'(x)$；

(3) 求证：$\lim\limits_{a\to 0} F(x) = f(x)$；

(4) 设 $f(x)$ 在 $[x-a, x+a]$ 上的最大值和最小值分别是 M、m，求证：$|F(x) - f(x)| \leqslant M - m$.

六、计算题(本题 10′)

设 $D: y^2-x^2 \leq 4, y \geq x, x+y \geq 2, x+y \leq 4$，在 D 的边界 $y=x$ 上，任取点 P，设 P 到原点的距离为 t，作 PQ 垂直于 $y=x$，交 D 的边界 $y^2-x^2=4$ 于 Q.

(1) 试将 PQ 的距离 $|PQ|$ 表示为 t 的函数;

(2) 求 D 绕 $y=x$ 旋转一周的旋转体体积.

七、计算题(本题 10′)

求幂级数 $\sum\limits_{n=2}^{\infty}\left(\dfrac{\ln n}{n^3}+\dfrac{1}{n\ln n}\right)x^n$ 的收敛域.

八、计算题(本题 10′)

设 $z=f(x,y)$ 满足 $\dfrac{\partial^2 z}{\partial x \partial y}=x+y, f(x,0)=x, f(0,y)=y^2$，求 $\iint\limits_{x^2+y^2 \leq 1} f(x,y)e^{x^2+y^2}dxdy$.

答案与提示

第一章 函数与极限

1. $-1 < x < 2$.

2. $[-1, 1) \cup (1, 2)$.

3. D.

4. (1) $[-1, 1]$; (2) $(-\infty, 0]$; (3) $\left[\dfrac{1}{3}, \dfrac{2}{3}\right]$.

5. $2(1-x^2)$.

6. $f(x)$.

7. (1) $y = x^3 - 1$; (2) $y = \dfrac{1-x}{1+x}(x \neq -1)$; (3) $y = e^{x-1} - 2$.

8. $f[\varphi(x)] = -\sin 2x \cos^2 2x$, $\varphi[f(x)] = \sin 2(x^3 - x)$.

9. $f[g(x)] = \begin{cases} 1, & x < 0, \\ 0, & x = 0, \\ -1, & x > 0, \end{cases}$ $g[f(x)] = \begin{cases} e, & |x| < 1, \\ e^{-1}, & |x| > 1, \\ 1, & |x| = 1. \end{cases}$

10. (1) 非;(2) 偶;(3) 非;(4) 偶;(5) 奇.

11. A.

12. 4π.

13. A.

14. $y = \ln u, u = \tan v, v = x^2$.

15. $y = u^3, u = \arctan v, v = \dfrac{x}{1-x^2}$.

16. $L = \dfrac{S_0}{h} - h\cot\varphi + 2h\csc\varphi, h \in (0, \sqrt{S_0 \tan\varphi})$.

17. $y = \dfrac{S}{x}(a + kx^3)$.

18. $y = \begin{cases} 0.15x, & 0 \leq x \leq 50, \\ 0.25x - 5, & x > 50. \end{cases}$

19. 一年期,$0.0039A$.

*20. (1) $x = 2 + \dfrac{10}{n}$;(2) $x = 27$.

21. (1) $\lim\limits_{n \to \infty} n^p = \begin{cases} 1, & p = 0, \\ +\infty, & p > 0, \\ 0, & p < 0; \end{cases}$ (2) $\lim\limits_{n \to \infty} a^n = \begin{cases} 0, & 0 < a < 1, \\ +\infty, & a > 1; \end{cases}$

(3) $\lim\limits_{x \to 0} e^x = 1$; (4) $\lim\limits_{x \to -\infty} e^x = 0$; (5) $\lim\limits_{x \to +\infty} e^x = +\infty$; (6) $\lim\limits_{x \to 0^+} \ln x = -\infty$;

(7) $\lim\limits_{x \to 0} \ln(1+x) = 0$; (8) $\lim\limits_{x \to +\infty} \ln x = +\infty$; (9) $\lim\limits_{x \to 0} \cot x = \infty$; (10) $\lim\limits_{x \to \frac{\pi}{2}} \tan x = \infty$;

(11) $\lim\limits_{x \to \infty} \sin x = $ 不存在; (12) $\lim\limits_{x \to 0} \arcsin x = 0$; (13) $\lim\limits_{x \to 0} \arctan x = 0$; (14) $\lim\limits_{x \to +\infty} \arctan x = \dfrac{\pi}{2}$;

(15) $\lim\limits_{x\to-\infty}\arctan x = -\dfrac{\pi}{2}$；(16) $\lim\limits_{x\to\infty}\arctan x =$ 不存在.

22. D.

23. 0.

24. D.

25. D.

26. (1) 0；(2) 0；(3) ∞.

27. (1) ×；(2) ×；(3) ×.

28. $\dfrac{1}{2}$.

29. 2. 提示：$\lim\limits_{n\to\infty}\left(1+\dfrac{1}{2}+\dfrac{1}{4}+\cdots+\dfrac{1}{2^n}\right) = \lim\limits_{n\to\infty}\dfrac{1-\left(\dfrac{1}{2}\right)^{n+1}}{1-\dfrac{1}{2}}$.

30. (1) $\dfrac{1}{4}$；(2) 2；(3) $\dfrac{\pi}{2}$；(4) 2.

31. (1) $\dfrac{1}{6}$；(2) 0；(3) $\dfrac{\sqrt{3}}{36}$；(4) $\dfrac{1}{2}$；(5) 3；(6) 0；(7) $\dfrac{1}{4}$.

32. (1) ω；(2) ω；(3) $\dfrac{2}{5}$；(4) $\dfrac{3}{5}$；(5) 2；(6) 1；(7) $\dfrac{1}{3}$.

33. (1) e^2；(2) $e^{-\frac{3}{2}}$；(3) e^k；(4) e^2；(5) e^{-3}.

34. (1) 0. 提示：$0 < \dfrac{3^n}{n!} < 3^2 \cdot \left(\dfrac{3}{4}\right)^{n-3} \to 0$；(2) 提示：$\dfrac{n^2}{n^2+n\pi} < x_n < \dfrac{n^2}{n^2+\pi} \to 1$.

35. 2.

36. C.

37. B.

38. $k=\dfrac{1}{3}, n=2$.

39. 水平渐近线为 $y=\dfrac{1}{2}$，铅直渐近线为 $x=\dfrac{3}{2}$.

40. 水平渐近线为 $y=\pm 1$，铅直线近线为 $x=0$.

41. (1) $\dfrac{3}{8}$；(2) 2；(3) 6.

42. (1) $\dfrac{1}{2}$；提示：$\lim\limits_{x\to 0}\dfrac{\sqrt{1+\tan x}-\sqrt{1+\sin x}}{x\sqrt{1+\sin^2 x}-x} = \lim\limits_{n\to 0}\dfrac{\tan x - \sin x}{x \cdot \dfrac{1}{2}\sin^2 x \cdot 2}$.

(2) $\dfrac{1}{2}$；提示：$\lim\limits_{x\to +\infty} x(\sqrt{x^2+1}-x) = \lim\limits_{x\to +\infty}\dfrac{x}{\sqrt{x^2+1}+x}$.

(3) e；提示：$\lim\limits_{x\to\infty}\left(\dfrac{2x+3}{2x+1}\right)^{x+1} = \lim\limits_{x\to\infty}\left(1+\dfrac{2}{2x+1}\right)^{\frac{2x+1}{2} \cdot \frac{2(x+1)}{2x+1}}$.

(4) $\sqrt[3]{abc}$；提示：$\lim\limits_{x\to 0}\left(\dfrac{a^x+b^x+c^x}{3}\right)^{\frac{1}{x}} = \lim\limits_{x\to 0} e^{\frac{\ln(a^x+b^x+c^x)-\ln 3}{x}} = \lim\limits_{x\to 0} e^{\frac{a^x\ln a + b^x\ln b + c^x\ln c}{a^x+b^x+c^x}}$.

(5) -2. 提示：$\lim\limits_{x\to 0}\dfrac{(1+x)^x-1}{\ln(\cos x)} = \lim\limits_{x\to 0}\dfrac{e^{x\ln(1+x)}-1}{\ln(\cos x)} = \lim\limits_{x\to 0}\dfrac{x\ln(1+x)}{\ln(\cos x)}$.

43. $a=1, b=-1$. $y=x-1$ 为 $y=\dfrac{x^2+1}{x+1}$ 的斜渐近线.

44. 提示：$a=\lim\limits_{n\to\infty}\left(1+\dfrac{1}{2}+\dfrac{1}{3}+\cdots+\dfrac{1}{n}-\ln n\right) + \lim\limits_{n\to\infty}\ln\dfrac{n}{n+1}$.

45. (1) ×;(2) √.

47. A.

48. $a=1$.

49. (1) $x=1$ 为可去间断点,$x=2$ 为无穷间断点. (2) $x=1$ 为跳跃间断点;

(3) $x=0$ 为可去间断点,$x=k\pi(k=\pm 1,\pm 2,\cdots)$ 为无穷间断点,$x=k\pi+\dfrac{\pi}{2},k\in \mathbf{Z}$ 为可去间断点.

50. (1) $x=0$ 为跳跃间断点,$x=1$ 为可去间断点,$x=-1$ 为无穷间断点;

(2) $x=-1$ 为垂直渐近线,$y=0$ 水平渐近线.

51. (1) $a=\mathrm{e}^{-1}$;(2) $x=1$ 为第二类间断点;

(3) $x=-1,x=1$ 垂直渐近线方程,$y=1$ 为水平渐近线方程.

54. 由条件 $\lim\limits_{x\to\infty}f(x)=A$,有 $\forall\varepsilon>0,\exists X>0$,当 $|x|>X$ 时,$|f(x)-A|<\varepsilon$;特别地对于 $\varepsilon=1,\exists X_1>0$,当 $|x|>X_1$ 时,$|f(x)-A|<1$,即 $|f(x)|<|f(x)-A+A|<|f(x)-A|+|A|<|A|+1$.

因为 $f(x)$ 在 $(-\infty,+\infty)$ 上连续,$[-X,X]\subset(-\infty,+\infty)$,故 $f(x)$ 在 $[-X,X]$ 上连续,根据有界性定理,存在正数 M_0,当 $x\in[-X,X]$ 时,$|f(x)|\leqslant M_0$. 取 $M=\max\{M_0,|A|+1\}$,当 $x\in(-\infty,+\infty)$ 时,总有 $|f(x)|\leqslant M$,从而 $f(x)$ 是 $(-\infty,+\infty)$ 上的有界函数.

55. 设 $F(t)=h_2(t)-h_1(t)$,利用零点存在定理证明.

测试卷一

一、**1.** D. **2.** C. **3.** C. **4.** C. **5.** B. **6.** B. **7.** D.

二、**1.** $\dfrac{1}{108}$. **2.** 2. **3.** -6.

三、**1.** $\dfrac{\pi}{2}$. **2.** $\mathrm{e}^{\frac{1}{2}}$. **3.** $\dfrac{1}{2}$. **4.** $\dfrac{1}{4}$.

四、(1) $x=0$ 为无穷间断点;

(2) $y=1,y=-1$ 为水平渐近线,$x=0$ 铅直渐近线.

五、$a=\dfrac{2}{3}$. 提示:利用等价无穷小.

六、a.

七、**1.** 1;**2.** 提示:令 $f(x)=x-2\sin x$,利用零点存在定理.

第二章 导数与微分

1. (1) $(C)'=0$;   (2) $\left(\dfrac{1}{x}\right)'=-\dfrac{1}{x^2}$;   (3) $(\sqrt{x})'=\dfrac{1}{2\sqrt{x}}$;

(4) $(\cos x)'=-\sin x$; (5) $(a^x)'=a^x\ln a$; (6) $(x^\mu)'=\mu x^{\mu-1}$.

2. 切线方程:$y=x-1$,法线方程:$y=-x+1$.

3. $y=\dfrac{3}{4}x+\dfrac{1}{4}$.

4. (1) $T'(t)$;(2) $N'(t)$.

5. (1) 在 $x=0$ 处连续但不可导;(2) $x=0$ 处连续但不可导.

6. $f'_-(0)=-1,f'_+(0)=0,f'(0)$ 不存在,$f'(x)=\begin{cases}2x, & x>0,\\ -1, & x<0.\end{cases}$

7. 5.提示:$\lim\limits_{x\to 0}\dfrac{f(2x)-f(-3x)}{x}=\lim\limits_{x\to 0}\dfrac{f(2x)-f(0)-f(-3x)+f(0)}{x}$

$=\lim\limits_{x\to 0}\dfrac{f(2x)-f(0)}{x}+\lim\limits_{x\to 0}\dfrac{-f(-3x)+f(0)}{x}$.

8. 提示：$f'(x) = \lim\limits_{\Delta x \to 0} \dfrac{f(x+\Delta x)-f(x)}{\Delta x} = \lim\limits_{\Delta x \to 0} \dfrac{f(x)+f(\Delta x)-f(x)}{\Delta x} = \lim\limits_{\Delta x \to 0} \dfrac{f(\Delta x)-f(0)}{\Delta x} = f'(0)$.

9. (1) $2^x \cdot x^2 \ln 2 + 2^{x+1} \cdot x$;   (2) $3e^x(\cos x - \sin x)$;

(3) $\dfrac{2-\ln x}{2x\sqrt{x}}$;   (4) $\dfrac{\pi}{2\sqrt{1-x^2}(\arccos x)^2}$;

(5) $2^{x^2}\ln 2 \cdot 2x = 2^{x^2+1}x \cdot \ln 2$;   (6) $-\dfrac{1}{2}e^{-\frac{x}{2}}(\cos 6x + 12\sin 6x)$;

(7) $-\dfrac{1}{x^2+1}$;   (8) $\dfrac{1}{\sqrt{x^2+a^2}}$.

10. (1) $\dfrac{\sqrt{2}}{8}(2+\pi)$;   (2) $\dfrac{3\sqrt{2}}{8}$;   (3) $16\sqrt{3}$;   (4) $\dfrac{2\sqrt{3}}{3}$.

11. (1) $2x^{-3} - x^{-2}$;   (2) $2\sec^2 x \tan x$;   (3) $\dfrac{e^{2x}(4x^2-4x+2)}{x^3}$;   (4) $\dfrac{2(a^2-x^2)}{(x^2+a^2)^2}$;

(5) $-\dfrac{2x}{(x^2-1)^2}$;   (6) $-\dfrac{x}{(x^2-a^2)^{\frac{3}{2}}}$.

12. (1) $\dfrac{f \cdot f' + g \cdot g'}{\sqrt{f^2+g^2}}$;

(2) $y'(x) = \sin 2x[f'(\sin^2 x) - f'(\cos^2 x)]$, $y'\left(\dfrac{\pi}{3}\right) = \dfrac{\sqrt{3}}{2}\left[f'\left(\dfrac{3}{4}\right) - f'\left(\dfrac{1}{4}\right)\right]$.

13. $y''(x) = 2\cos 2x[f'(\sin^2 x) - f'(\cos^2 x)] + \sin^2 2x[f''(\sin^2 x) + f''(\cos^2 x)]$.

14. $\dfrac{d^2 x}{dy^2} = \dfrac{d}{dy}\left(\dfrac{dx}{dy}\right) = \dfrac{d}{dy}\left(\dfrac{1}{y'}\right) = \dfrac{\left(\dfrac{1}{y'}\right)'_x}{\dfrac{dy}{dx}} = \dfrac{-y''}{(y')^2} \cdot \dfrac{1}{y'} = \dfrac{-y''}{(y')^3}$.

15. (1) $(-1)^n n! (x+a)^{-n-1}$;   (2) $\dfrac{1}{4}(-1)^n n! [(x-3)^{-(n+1)} - (x+1)^{-(n+1)}]$;

(3) $(-1)^{n-1}(n-1)!(1+x)^{-n}$;   (4) $-2^{n-1}\cos\left(2x + \dfrac{n\pi}{2}\right)$;

(5) $(x+n)e^x$.

16. (1) $\dfrac{ay-x^2}{y^2-ax}$;   (2) $\dfrac{e^y}{y-2}$.

17. 切线方程：$y = -x + \dfrac{\sqrt{2}}{2}a$，法线方程：$y = x$.

18. $\left(\dfrac{x}{1+x}\right)^x \left(\ln\dfrac{x}{x+1} + \dfrac{1}{1+x}\right)$. 提示：用对数求导法.

19. (1) $\dfrac{\cos\theta - \theta\sin\theta}{1 - \sin\theta - \theta\cos\theta}$;   (2) $\dfrac{t}{2}$.

20. 切线方程：$x - y + 1 = 0$，法线方程：$x + y - 1 = 0$.

21. (1) $t = 1$;   (2) $a|_{t=3} = 21(\text{m/s}^2)$.

22. -0.04.

23. $\dfrac{dV}{dp} = -Cp^{-2}$.

*24. $\dfrac{1}{50\pi}$ cm/min.

*25. 55.4 km/h.

*26. 80 km/h.

27. $-2\csc^2(x+y)\cot^3(x+y)$. 提示：$y' = \sec^2(x+y)(1+y')$, $y' = -\dfrac{1}{\sin^2(x+y)}$.

28. $-\dfrac{1+t^2}{4t^3}$. 提示：$\dfrac{dy}{dx}=\dfrac{1}{2t}$，$\dfrac{d^2y}{dx^2}=\dfrac{d}{dx}(y')=\dfrac{\dfrac{-1}{2t^2}}{\dfrac{2t}{1+t^2}}=-\dfrac{1+t^2}{4t^3}$.

29. $\dfrac{11}{2}$.

30. $\dfrac{f''(y)-[1-f'(y)]^2}{x^2[1-f'(y)]^3}$. 提示：$\dfrac{1}{x}+f'(y)y'=y' \Rightarrow -\dfrac{1}{x^2}+f''(y)(y')^2+f'(y)y''=y''$.

31. $\dfrac{1}{f''(t)}$.

32. (1) $\left(\dfrac{1}{2\sqrt{x}}\sin\dfrac{1}{x}-\dfrac{1}{x\sqrt{x}}\cos\dfrac{1}{x}\right)dx$；(2) $e^{-x}[\sin(3-x)-\cos(3-x)]dx$；(3) $\dfrac{1}{(1+x^2)^{\frac{3}{2}}}dx$.

33. (1) $\dfrac{4}{3}x^3+C$；(2) $-\dfrac{\cos\omega x}{\omega}+C$；(3) $\ln(x+1)+C$；(4) $-\dfrac{1}{2}e^{-2x}+C$.

34. (1) $-x$；(2) $-\dfrac{2x}{1+x^2}$.

35. $6.67‰$. 提示：$V=\dfrac{4}{3}\pi r^3=\dfrac{1}{6}\pi D^3$，则 $\dfrac{\delta_V}{|V|}=\left|\dfrac{V'}{V}\right|\delta_D=3\dfrac{\delta_D}{D} \Rightarrow \dfrac{\delta_D}{D}=\dfrac{1}{3}\dfrac{\delta_V}{V}$.

36. $\delta_l=l'_t\delta_T\approx 2.232(\text{cm})$. 提示：$l=\dfrac{gT^2}{4\pi^2}$，$l'_t=\dfrac{gT}{2\pi^2}$.

测试卷二

一、1. B. 2. C. 3. A. 4. C. 5. C. 6. C. 7. D.

二、1. $y=-2x+2$. 2. $\dfrac{x^2}{\sqrt{1+x^2}}$. 3. $x^{2x}(2\ln x+2)$.

三、1. $y''=\sec x\tan x$. 2. e^2. 3. $-\tan t$. 4. 0.

四、切线方程：$y=-\dfrac{1}{2}(x-1)$，法线方程：$y=2(x-1)$.

五、$-2005!$. 提示：$f'(x)=(x-1)\cdots(x-2005)+x(x-2)\cdots(x-2005)+\cdots+x(x-1)\cdots(x-2004)$.

*六、$30(\text{rad/h})$. 提示：$\theta=\arctan\dfrac{60000t}{500}=\arctan 120t$，$\theta'_t=\dfrac{120}{1+(120t)^2}$.

七、1. $f(x)$在点 $x=0$ 处连续，而在点 $x=0$ 处不可微；

2. -1. 提示：$\dfrac{d}{dx}f(\cos\sqrt{x})=f'(\cos\sqrt{x})(-\sin\sqrt{x})\cdot\dfrac{1}{2\sqrt{x}}$，

$\lim\limits_{x\to 0^+}\dfrac{d}{dx}f(\cos\sqrt{x})=\lim\limits_{x\to 0^+}f'(\cos\sqrt{x})\cdot\left(-\dfrac{\sin\sqrt{x}}{2\sqrt{x}}\right)=-\dfrac{1}{2}f'(1)=-1$.

第三章 微分中值定理与导数的应用

1. $\xi=\dfrac{\pi}{2}\in\left(\dfrac{\pi}{6},\dfrac{5\pi}{6}\right)$.

4. (1) C；(2) D.

5. $y=|x|$，$x\in[-1,1]$.

6. 令 $f(x)=\arcsin x+\arccos x$，$|x|\leqslant 1$.

7. 令 $f(x)=\arctan\dfrac{1+x}{1-x}-\arctan x$，$x\in(-1,1)$.

8. 提示：两次利用 Rolle 定理.

9. 提示：用 Rolle 定理证明.

10. 提示：令 $F(x)=f(x)\sin x$.

11. 提示：$f(x)=x^n, x\in(b,a)$.

12. 提示：$\dfrac{\ln(1+x)-0}{x}=\dfrac{1}{1+\xi}, \xi\in(0,x)$.

13. (1) $\dfrac{m}{n}$； (2) 0； (3) 1； (4) $\dfrac{e^\pi}{2}$.

14. (1) 1； (2) $\dfrac{1}{2}$； (3) 1； (4) e^2.

15. (1) 1； (2) 0.

16. (1) 2；提示：$\lim\limits_{x\to 1}\dfrac{x-x^x}{1-x+\ln x}=\lim\limits_{x\to 1}\dfrac{1-x^x(\ln x+1)}{\dfrac{1}{x}-1}$.

    (2) $a_1 a_2 \cdots a_n$. 提示：原式 $=\lim\limits_{x\to\infty}e^{n\cdot\frac{\ln(a_1^{\frac{1}{x}}+a_2^{\frac{1}{x}}+\cdots+a_n^{\frac{1}{x}})-\ln n}{\frac{1}{x}}}=\lim\limits_{x\to\infty}e^{n\cdot\left(-\frac{1}{x^2}\right)\frac{a_1^{\frac{1}{x}}\ln a_1+\cdots+a_n^{\frac{1}{x}}\ln a_n}{a_1^{\frac{1}{x}}+a_2^{\frac{1}{x}}+\cdots+a_n^{\frac{1}{x}}}}{\frac{1}{-x^2}}$.

17. 提示：左式 $=\lim\limits_{h\to 0}\dfrac{f'(x_0+h)-f'(x_0-h)}{2h}=\dfrac{1}{2}\lim\limits_{h\to 0}[f''(x_0+h)+f''(x_0-h)]$.

18. e^2. 提示：$\lim\limits_{x\to 0}\left[1+\dfrac{f(x)}{x}\right]^{\frac{1}{x}}=\lim\limits_{x\to 0}e^{\frac{\ln\left(1+\frac{f(x)}{x}\right)}{x}}=\lim\limits_{x\to 0}e^{\frac{f(x)}{x^2}}=\lim\limits_{x\to 0}e^{\frac{f'(x)}{2x}}$.

19. (1) $(-\infty,0)\downarrow,(0,+\infty)\uparrow$；(2) $(-\infty,-1)\left(-1,\dfrac{1}{2}\right)\downarrow,\left(\dfrac{1}{2},+\infty\right)\uparrow$；

    (3) $(n,+\infty)\downarrow,(0,n)\uparrow$；(4) $(-\infty,0)\downarrow,(0,+\infty)\uparrow$.

20. (1) ×； (2) √； (3) ×.

21. A.

22. (1) 极大值：$f(1)=\dfrac{\pi}{4}-\dfrac{1}{2}\ln 2$； (3) 极大值：$f(-1)=0$, 极小值：$f(1)=-3\sqrt[3]{4}$.

23. 极大值：$f\left(\dfrac{\pi}{3}\right)=a\sin\dfrac{\pi}{3}+\dfrac{1}{3}\sin 3\dfrac{\pi}{3}=\sqrt{3}$.

24. A.

25. (1) 凹区间：$(-\infty,0),\left(\dfrac{2}{3},+\infty\right)$，凸区间：$\left(0,\dfrac{2}{3}\right)$，拐点：$(0,1),\left(\dfrac{2}{3},\dfrac{11}{2}\right)$；

    (2) 凹区间：$(2,+\infty)$，凸区间：$(-\infty,2)$，拐点：$(2,2e^{-2})$；

    (3) 凹区间：$(-1,1)$，凸区间：$(-\infty,-1),(1,+\infty)$，拐点：$(-1,\ln 2),(1,\ln 2)$.

26. (1) $K=1,\rho=1$； (2) $K=2,\rho=\dfrac{1}{2}$.

27. $a=-3,b=0,c=5$.

28. $k=\pm\dfrac{\sqrt{2}}{8}$.

29. $f'(x)=\ln(x+\sqrt{1+x^2})>0(x>0)$.

30. $y'=\cos x+\dfrac{1}{\cos^2 x}-2>0$.

31. $f'(x)=(\tan x+x)(\tan x-x)>0$.

32. B.

33. 在 $(0,+\infty)$ 内有两个零点.

35. $h=2r=d$.

36. 1800元.
37. 27m.
38. 2.22m.

测试卷三

一、1. C. 2. C. 3. C. 4. B. 5. D. 6. B. 7. C.

二、1. $\dfrac{4}{3}$. 2. $y=0$. 3. 6.

三、1. e^2. 提示：原式 $=\lim\limits_{x\to 0}(1+e^x+x-1)^{\frac{1}{e^x+x-1}\cdot\frac{e^x+x-1}{x}}$.

2. $\dfrac{1}{3}$. 提示：原式 $=\lim\limits_{x\to 0}\dfrac{\tan x-x}{x^2\tan x}=\lim\limits_{x\to 0}\dfrac{\sec^2 x-1}{3x^2}=\lim\limits_{x\to 0}\dfrac{1}{3}\left(\dfrac{\tan x}{x}\right)^2$.

3. 拐点：$(2,2e^{-2})$, $k=0$.

4. 最大值：$y(-2)=16$, 最小值：$y(2)=0$.

四、$f'(x)=\arctan x-\ln(1+x^2)$, $f'(0)=0$, $f''(x)=\dfrac{1}{1+x^2}-\dfrac{2x}{1+x^2}>0$.

五、$a=-3, b=0, c=1$.

六、$10\sqrt{3}$ (km).

七、*1. $\rho=\left|\dfrac{a(t^2\cos^2 t+1+\sin 2t)^{\frac{3}{2}}}{t-\cos^2 t-\cos t\sin t}\right|$. 2. 利用零点存在定理和单调性.

第四章 不定积分

1. B. 2. A. 3. C.

4. (1) $-3x^{\frac{1}{3}}+C$;

  (2) $\dfrac{1}{2}x^2-3x+3\ln|x|+x^{-1}+C$;

  (3) $\dfrac{1}{3}x^3-x+\arctan x+C$;

  (4) $\tan x-x+\sec x+C$;

  (5) $-\dfrac{\left(\frac{1}{3}\right)^x}{\ln 3}-\dfrac{\left(\frac{1}{2}\right)^x}{\ln 2}+C$;

  (6) $-\cot x-\tan x+C$.

5. (1) $-\dfrac{1}{a}\cos ax-be^{\frac{x}{b}}+C$;

  (2) $\dfrac{1}{4}\ln\dfrac{x-3}{x+1}+C$;

  (3) $\dfrac{1}{6}\arctan\dfrac{2x}{3}+C$;

  (4) $\dfrac{1}{4}\ln(4x^2+9)+\dfrac{1}{2}\arctan\dfrac{2x}{3}+C$;

  (5) $\arctan e^x+C$;

  (6) $\dfrac{1}{2}\left(x+\dfrac{1}{2}\sin 2x\right)+C$;

  (7) $\dfrac{1}{2}\sin^4 x+C$;

  (8) $\dfrac{1}{3}\tan^3 x+C$;

  (9) $\dfrac{1}{3}\sec^3 x-\sec x+C$;

  (10) $2\sqrt{1+\ln x}+C$.

6. (1) $\dfrac{2}{3}(1+x)^{\frac{3}{2}}-x+C$;

  (2) $\dfrac{1}{2}\left(a^2\arcsin\dfrac{x}{a}+x\sqrt{a^2-x^2}\right)+C$;

  (3) $\dfrac{x}{\sqrt{1+x^2}}+C$;

  (4) $\dfrac{1}{a}\arccos\dfrac{a}{x}+C$;

  (5) $(\arctan\sqrt{x})^2+C$.

7. (1) $-\dfrac{1}{4}e^{-2x}(2x+1)+C$;

  (2) $\dfrac{1}{3}x^2\sin 3x+\dfrac{2}{9}x\cos 3x-\dfrac{2}{27}\sin 3x+C$;

(3) $x\ln x - x + C$;

(4) $-\frac{1}{x}(\ln x + 1) + C$;

(5) $\frac{1}{3}x^3\arctan x - \frac{1}{6}x^2 + \frac{1}{6}\ln(1+x^2) + C$;

(6) $x\tan x\ln|\cos x| - \frac{1}{2}x^2 + C$;

(7) $\frac{1}{5}e^{-x}(2\sin 2x - \cos 2x) + C$;

(8) $\frac{x}{2}\ln(1+x^2) - x + \arctan x + C$;

(9) $3(x^{\frac{2}{3}} - 2x^{\frac{1}{3}} + 2)e^{\sqrt[3]{x}} + C$;

(10) $\frac{1}{2}x[\sin(\ln x) - \cos(\ln x)] + C$.

8. (1) $-\frac{\ln x}{2(1+x^2)} + \frac{1}{2}\ln x - \frac{1}{4}\ln(1+x^2) + C$;

提示: $\int \frac{x\ln x}{(1+x^2)^2}dx = \frac{1}{2}\int \frac{\ln x}{(1+x^2)^2}d(x^2+1) = -\frac{1}{2}(1+x^2)^{-1}\ln x + \frac{1}{2}\int \frac{1}{x(1+x^2)}dx$.

(2) $-\frac{1}{x\ln x} + C$;

(3) $x\ln(x+\sqrt{1+x^2}) - \sqrt{1+x^2} + C$;

提示: $\int \ln(x+\sqrt{x^2+1})dx = x\ln(x+\sqrt{1+x^2}) - \int \frac{x}{x+\sqrt{1+x^2}}\left(1+\frac{x}{\sqrt{1+x^2}}\right)dx$

$= x\ln(x+\sqrt{1+x^2}) - \int \frac{x}{\sqrt{1+x^2}}dx$.

(4) $\frac{1}{\sqrt{2}}\arctan\frac{(x^2-1)}{\sqrt{2}x} + C$.

提示: $\int \frac{x^2+1}{x^4+1}dx = \int \frac{1+x^{-2}}{x^2+x^{-2}}dx = \int \frac{(1+x^{-1})'}{(x-x^{-1})^2+2}dx$.

9. $\frac{x\cos x - 2\sin x}{x} + C$. 提示: $\left(\frac{\sin x}{x}\right)' = f(x) = \frac{x\cos x - \sin x}{x^2}$,

$\int xf'(x)dx = \int xdf(x) = xf(x) - \int f(x)dx$.

10. $f(x) = \begin{cases} x+1, & x \in (-\infty, 0], \\ e^x, & x \in [0, +\infty). \end{cases}$

提示: $f'(\ln x) = 1 \Rightarrow f(\ln x) = \ln x + C_1 \Rightarrow f(x) = x + C_1, x \in (-\infty, 0]$,

$f(0) = 0 + C_1 = 1 \Rightarrow C_1 = 1$,

$f'(\ln x) = x \Rightarrow f'(u) = e^u \Rightarrow f(u) = e^u + C_2, u \in [0, +\infty)$,

$\lim_{x \to 0} f(x) = f(0) \Rightarrow f(0) = e^0 + C_2 = 1 \Rightarrow C_2 = 0$.

测试卷 四

一、1. A. 2. B. 3. D. 4. B. 5. A. 6. A. 7. B.

二、1. $x\ln x - x + C$. 2. $\frac{x}{1+x^2} - \arctan x + C$. 3. $\frac{1}{2}f^2(x) + C$.

三、1. $\frac{1}{6}\ln\left|\frac{x-4}{x+2}\right| + C$.

2. $\ln(x+\sqrt{1+x^2}) + \arcsin x + C$.

3. $\frac{1}{9}\frac{\sqrt{x^2-9}}{x} + C$.

4. $2(\sqrt{x}-1)\sin(\sqrt{x}-1) + 2\cos(\sqrt{x}-1) + 2\sin(\sqrt{x}-1) + C$.

四、$\frac{2^x(x\ln 2 - 3)}{x^2} + C$.

五、$f(x) = -x^4 + 7$.

六、$2\sqrt{x-1}\ln x - 4\sqrt{x-1} + 4\arctan\sqrt{x-1} + C$.

提示：$\int \dfrac{\ln x}{\sqrt{x-1}}dx = 2\int \ln x d\sqrt{x-1} = 2\ln x \sqrt{x-1} - 2\int \sqrt{x-1} d\ln x$

$= 2\ln x \sqrt{x-1} - \int 2\dfrac{\sqrt{x-1}}{x}dx \quad (x-1 = t^2, dx = 2tdt)$.

七、1. $x - \ln(1+e^x) + \ln 2$. 提示：令 $\ln x = u \Rightarrow x = e^u$, $f'(u) = \dfrac{1}{1+e^u}$, $f(u) = \int \dfrac{1}{1+e^u}du = \int \dfrac{e^{-u}}{1+e^{-u}}du$

$= -\ln(1+e^{-u}) + C$.

2. 提示：$I_n = \int \dfrac{dx}{\sin^n x} = \int \dfrac{1}{\sin^{n-2} x}d(-\cot x) = \dfrac{-\cot x}{\sin^{n-2} x} + \int \dfrac{\cos x}{\sin x}(2-n)\sin^{1-n}x\cos x dx$.

第五章 定 积 分

1. B. **2.** D. **3.** A. **4.** $\dfrac{1}{4}\pi a^2$. **5.** (1) $\dfrac{b^2-a^2}{2}$; (2) $e-1$. **6.** (1) ×; (2) √.

7. (1) $2x\sqrt{1+x^4}$; (2) $\dfrac{3x^2}{\sqrt{1+x^{12}}} - \dfrac{2x}{\sqrt{1+x^8}}$; (3) $\cot x^2$; (4) $\dfrac{dy}{dx} = \dfrac{2x \cdot e^{-y^2}}{\sqrt{1+x^6}}$.

8. (1) 0; (2) $\dfrac{1}{10}$; (3) 2.

9. -2.

10. $F'(x) = \dfrac{f(x)(x-a) - \int_a^x f(t)dt}{(x-a)^2} = \dfrac{f(x)(x-a) - f(\xi)(x-a)}{(x-a)^2}, \xi \in (a, x)$

$= \dfrac{f(x) - f(\xi)}{x-a} = f'(\zeta) \leqslant 0, \zeta \in (\xi, x)$.

11. (1) $F'(x) = f(x) + \dfrac{1}{f(x)} \geqslant 2$; (2) $F(a) = \int_b^a \dfrac{1}{f(t)}dt = -\int_a^b \dfrac{1}{f(x)}dx$ 与 $F(b) = \int_a^b f(x)dx$ 异号，由介值定理及函数的单调性可证.

12. (1) $-2\ln 2$; (2) $\dfrac{38}{3} + \dfrac{65}{2}$; (3) $1 - \dfrac{\pi}{4}$;

(4) $\int_0^2 |x-1|dx = \int_0^1 (1-x)dx + \int_1^2 (x-1)dx = 1$;

(5) $\dfrac{4}{5}$; (6) $2(\sqrt{2}-1)$; (7) $1 - \ln 4$; (8) $(\sqrt{3}-1)a$; (9) $1 - \dfrac{\pi}{4}$; (10) $-\dfrac{2\pi}{\omega^2}$;

(11) $4(\ln 4 - 1)$; (12) $\dfrac{\pi}{12} - 1$.

13. (1) 0; (2) $\dfrac{\pi}{2}$; (3) $2(e^\pi - e^{-\pi})$.

14. (1) $2 - 2e^{-1}$; (2) $2e^2 + 2$; (3) $\ln 2 - 2 + \dfrac{\pi}{2}$; (4) $\dfrac{1}{5}(e^\pi - 2)$.

15. $\ln(e+1)$. 提示：$\int_0^2 f(x-1)dx = \int_0^1 f(x-1)dx + \int_1^2 f(x-1)dx = \int_{-1}^0 f(x)dx + \int_0^1 f(x)dx$

$= \int_{-1}^0 \dfrac{1}{1+e^x}dx + \int_0^1 \dfrac{1}{1+x}dx = \int_{-1}^0 \dfrac{(1+e^x)-e^x}{1+e^x}dx + \int_0^1 \dfrac{1}{1+x}dx$.

16. $f(x) = x - \dfrac{6}{5}x^2$.

17. $f(0) = 3$.

18. $\dfrac{1}{4}(e^{-1} - 1)$.

19. 拐点：$(0, \ln2 - 2 + \frac{\pi}{2})$；$f_{\max} = 2\ln2 - 4 + \pi, f_{\min} = 0$.

提示：$f(-1) = \int_{-1}^{-1} \ln(1+t^2)dt = 0, f(1) = 2\ln2 - 4 + \pi, f(0) = \ln2 - 2\left(1 - \frac{\pi}{4}\right) = \ln2 - 2 + \frac{\pi}{2}$.

21. 提示：$(1-x^2)^2 \geqslant 0 \Rightarrow 1 + x^4 \geqslant 2x^2$，

$0 < \int_0^1 \frac{x}{\sqrt{1+x^4}} dx < \int_0^1 \frac{\sqrt{2}}{2} dx = \frac{\sqrt{2}}{2}$.

22. $\int_{-\frac{\pi}{2}}^{\frac{\pi}{2}} \frac{\cos x}{1+e^x} dx = 1$. 提示：$\int_{-a}^{a} f(x)g(x)dx = \int_{-a}^{0} f(x)g(x)dx + \int_{0}^{a} f(x)g(x)dx = -\int_{a}^{0} f(-t)g(t)dt$

$+ \int_0^a f(x)g(x)dx = \int_0^a [f(-x) + f(x)]g(x)dx$.

23. 略.

24. B.

*__25.__ C.

26. (1) $\ln\frac{3}{2}$；(2) $-\frac{1}{9}$；*(3) $\frac{\pi}{2}$.

27. (1) 发散；(2) 收敛.

测 试 卷 五

一、**1.** C. **2.** D. **3.** C. **4.** C. **5.** B. *__6.__ B. **7.** C.

二、**1.** $\cos x - x\sin x$； **2.** 0； **3.** $\frac{\pi}{4}$.

三、**1.** $\frac{4}{3}$. **2.** $\frac{22}{3}$. **3.** $\frac{\pi}{4} - \frac{1}{2}$. **4.** 1.

四、$\frac{7}{3} - e^{-1}$.

五、$\int_0^{\frac{\pi}{2}} \frac{\sin x}{\sin x + \cos x} dx = \frac{1}{2}\left[\int_0^{\frac{\pi}{2}} \frac{\sin x}{\sin x + \cos x} dx + \int_0^{\frac{\pi}{2}} \frac{\cos x}{\sin x + \cos x} dx\right] = \frac{\pi}{4}$.

提示：令 $x = \frac{\pi}{2} - t$.

六、$a = \frac{3}{2}$. 提示：$\lim_{x \to 0} \frac{\int_0^{x^2} t(e^{at} - 1)dt}{1 - \cos x^3} = \lim_{x \to 0} \frac{2x \cdot x^2(e^{ax^2} - 1)}{3x^2 \sin x^3} = \lim_{x \to 0} \frac{2x \cdot ax^2}{3x^3}$.

七、**1.** 提示：$\int_0^1 2x f''(2x)dx = \int_0^1 x df'(2x) = f'(2) - \frac{1}{2} f(2x) \Big|_0^1 = 1$.

2. 提示：令 $f(x) = 3x - 1 - \int_0^x \frac{1}{1+t^4} dt$，则 $f'(x) = 3 - \frac{1}{1+x^4} = \frac{2 + 3x^4}{1+x^4} > 0$.

第六章 定积分的应用

1. (1) $\frac{32}{3}$；(2) $e + \frac{1}{e} - 2$；(3) e.

2. (1) $\frac{3\pi}{10}$； (2) $V_x = \frac{4}{3}\pi ab^2, V_y = \frac{4}{3}\pi a^2 b$； (3) $160\pi^2$.

3. 圆台体积 $V = \pi \int_0^H \left(\frac{r-R}{H}x + R\right)^2 dx = \frac{1}{3}\pi H(R^2 + Rr + r^2)$，球缺的体积 $V = \pi \int_{R-H}^{R} (R^2 - y^2) dy$

$= \pi H^2 \left(R - \frac{H}{3}\right)$.

4. $1 + \frac{1}{2} \ln \frac{3}{2}$.

5. $\dfrac{y}{2p}\sqrt{p^2+y^2}+\dfrac{p}{2}\ln\dfrac{y+\sqrt{p^2+y^2}}{p}$.

6. $\dfrac{\pi}{6}$.

7. $a=2, 8\pi$.

8. $\dfrac{1}{2}\mathrm{e}$.

9. $\dfrac{1}{6}\pi h[2(ab+AB)+aB+bA]$. 提示：$V=\pi\int_0^h\left(A-\dfrac{A-a}{h}y\right)\left(B-\dfrac{B-b}{h}y\right)\mathrm{d}y$.

10. $a=-2, b=5$.

11. $a=-\dfrac{10}{9}, b=\dfrac{44}{27}, c=0$.

12. $\dfrac{1+\pi}{4}a^2$. 提示：$S=\dfrac{1}{2}\int_0^\pi(a\sin\theta)^2\mathrm{d}\theta+\dfrac{1}{2}\int_\pi^{\frac{3\pi}{4}}a^2(\cos\theta+\sin\theta)^2\mathrm{d}\theta$.

13. $8a$. 提示：$l=2\int_0^\pi\sqrt{r^2(\theta)+[r'(\theta)]^2}\mathrm{d}\theta=2\cdot 2a\cdot\int_0^\pi\cos\dfrac{\theta}{2}\mathrm{d}\theta$.

14. $2\pi^2$. 提示：用薄壳法，$V=2\pi\int_0^\pi x\sin x\mathrm{d}x=2\pi(-x\cos x+\sin x)\Big|_0^\pi=2\pi^2$.

15. $\dfrac{5}{3}\pi-\dfrac{\pi^2}{2}$. 提示：$V=\int_0^1\pi(1-\sqrt{1-y^2})^2\mathrm{d}y$.

16. $A=2\pi\int_0^1 x^2\sqrt{1+4x^2}\mathrm{d}x+2\pi\int_0^1\sqrt{2x-x^2}\sqrt{1+\left(\dfrac{2-2x}{2\sqrt{2x-x^2}}\right)^2}\mathrm{d}x$.

17. $W=\int_a^b\dfrac{kq}{r^2}\mathrm{d}r=kq\left(\dfrac{1}{a}-\dfrac{1}{b}\right)$.

18. $14388(\mathrm{N})$.

19. $\dfrac{\mu Gml}{a(a+l)}$. 提示：$F=\int_a^{a+l}G\dfrac{m\cdot\mu\mathrm{d}x}{x^2}=\mu Gm\left(-\dfrac{1}{x}\right)\Big|_a^{a+l}$.

测试卷六

一、1. C. 2. C. 3. A. 4. B. 5. C. 6. A. *7. C.

二、1. $\dfrac{3}{2}-\ln 2$. 2. π. *3. $\dfrac{k}{a}$.

三、1. $\dfrac{62}{3}$. 2. $\dfrac{\pi}{4}$. 3. $\dfrac{1}{2}\mathrm{e}-1$. 4. $\dfrac{5\pi}{2}$.

四、$S_D=18$, $V_x=\dfrac{128}{3}\pi$.

五、$(1,\mathrm{e}^{-1})$.

*六、$\dfrac{27}{7}kc^{\frac{2}{3}}a^{\frac{7}{3}}$. 提示：$W=\int_0^a[-f(x)]\mathrm{d}x=9kc^{\frac{2}{3}}\cdot\dfrac{3}{7}x^{\frac{7}{3}}\Big|_0^a$.

七、1. $V=\int_0^h(ax^2+bx+c)\mathrm{d}x=\dfrac{1}{3}ah^3+\dfrac{1}{2}bh^2+ch=\dfrac{h}{6}(2ah^2+3bh+6c)$ $B_1+4M+B_2=ah^2+bh+c+4\left[a\left(\dfrac{h}{2}\right)^2+b\cdot\dfrac{h}{2}+c\right]=2ah^2+3bh+6c$;

2. $V_x=\pi\int_{-4}^4[(5+\sqrt{16-x^2})^2-(5-\sqrt{16-x^2})^2]\mathrm{d}x=160\pi^2$.

高等数学(A1)期末模拟试卷(一)

一、1. C. 2. A. 3. C. 4. D. 5. B. 6. C. 7. B. 8. C. 9. C. 10. C.

二、1. 提示：原式 $=\lim_{x\to 1}\dfrac{x\ln x-x+1}{(x-1)\ln x}=\lim_{x\to 1}\dfrac{\ln x}{\ln x+\dfrac{x-1}{x}}$.

2. $K=\dfrac{\sec^2 x}{[1+(-\tan x)^2]^{\frac{3}{2}}}=\cos x.$

3. $y'|_{y=0}=-1.$ 4. $\dfrac{1}{5}\ln\dfrac{4}{3}.$ 5. $\dfrac{1}{3}(1-x^2)^{\frac{3}{2}}-\sqrt{1-x^2}+C.$

三、(1) $(1,1)$，切线方程：$2x-y-1=0$；(2) $\dfrac{\pi}{30}$.

四、提示：用单调性.

五、$\int_0^\pi f(x)\mathrm{d}x=\left[xf(x)\right]_0^\pi-\int_0^\pi x\mathrm{d}f(x)=\pi f(\pi)-\int_0^x x\dfrac{\sin x}{\pi-x}\mathrm{d}x$
$=\pi f(\pi)-\int_0^x(x-\pi+\pi)\dfrac{\sin x}{\pi-x}\mathrm{d}x=2.$

六、设 h 为灯泡到桌面的垂直距离，圆桌边缘受到的照度为 A，光线的入射角为 θ. 则 $A=k\dfrac{\cos\theta}{1+h^2}=\dfrac{kh}{(1+h^2)^{\frac{3}{2}}}$，令 $A'(h)=\dfrac{k(1-2h^2)}{(1+h^2)^{\frac{5}{2}}}=0$，得 $h=\dfrac{\sqrt{2}}{2}$.

高等数学(A1)期末模拟试卷(二)

一、1. D. 2. C. 3. C. 4. B. 5. A. 6. C. 7. B. 8. D. 9. C. 10. A.

二、1. $-\dfrac{1}{3}$. 2. (e^2,e^2). 3. t. 4. $\dfrac{\pi}{2}$. 5. $-\dfrac{1}{x}\arctan x+\ln|x|-\dfrac{1}{2}\ln(1+x^2)+C.$

三、(1) $\dfrac{64}{3}$；(2) 90π.

四、有唯一实根.

五、$\int_a^{a+T}f(x)\mathrm{d}x=\int_0^T f(x)\mathrm{d}x.$

六、$E=200k\dfrac{v^3}{v-4}$，$v>4$，令 $E'=0$ 得 $v=6$.

高等数学(B1)期末模拟试卷(一)

一、1. A. 2. B. 3. A. 4. C. 5. D. 6. C. 7. D. 8. B. 9. C. 10. B.

二、1. $\dfrac{1}{2}$. 2. $-\dfrac{\sin(x+y)}{1+\sin(x+y)}$. 3. $-\dfrac{\ln x}{2x^2}-\dfrac{1}{4x^3}+C$. 4. $\dfrac{32}{3}$.

三、略.

四、$2e^2$.

五、9.

六、日产量为 100 件时获利最大.

高等数学(B1)期末模拟试卷(二)

一、1. C. 2. C. 3. A. 4. B. 5. B. 6. A. 7. C. 8. A. 9. D. 10. D.

二、1. $\lim_{x\to 0}\left[(1+\sin x)^{\frac{1}{\sin x}}\right]^{\frac{\sin x}{x}}=e.$

2. $\dfrac{y(x\ln y-y)}{x(y\ln x-x)}$.

3. $\dfrac{1}{3}x\ln(x^2+1)-\dfrac{2}{3}x+\dfrac{2}{3}\arctan x+C.$

4. $\sqrt{5}-\sqrt{2}+\ln[(\sqrt{5}-1)(\sqrt{2}+1)/2]$.

三、略.

四、 $\ln|\sin x|-\dfrac{1}{2}\sin^2 x+C$.

五、 $a=\dfrac{3}{2}$. 提示: $\lim\limits_{x\to 0}\dfrac{\int_0^{x^2}t(e^{at}-1)\mathrm{d}t}{1-\cos x^3}=\lim\limits_{x\to 0}\dfrac{\int_0^{x^2}t(e^{at}-1)\mathrm{d}t}{\dfrac{1}{2}x^6}=\lim\limits_{x\to 0}\dfrac{x^2(e^{ax^2}-1)\cdot 2x}{3x^5}$.

六、 $2\sqrt{\dfrac{2A}{4+\pi}}$. 提示: $L=2x+2y+\pi x=2x+\dfrac{1}{2x}(2A-\pi x^2)+\pi x=\left(2+\dfrac{\pi}{2}\right)x+\dfrac{A}{x}$.

第七章 空间解析几何与向量代数

1. (1) Ⅳ; (2) Ⅴ; (3) Ⅷ; (4) Ⅲ.

2. $\left(1,1,-\dfrac{3}{2}\right)$, 5.

3. (1) xOy: $(a,b,-c)$, yOz: $(-a,b,c)$, xOz: $(a,-b,c)$;
   (2) x: $(a,-b,-c)$, y: $(-a,b,-c)$, z: $(-a,-b,c)$;
   (3) $O(0,0,0)$: $(-a,-b,-c)$.

4. (x,y,z).

5. $\left(\pm\dfrac{\sqrt{2}}{2}a,0,0\right)$, $\left(0,\pm\dfrac{\sqrt{2}}{2}a,0\right)$, $\left(\pm\dfrac{\sqrt{2}}{2}a,0,a\right)$, $\left(0,\pm\dfrac{\sqrt{2}}{2}a,a\right)$.

6. (1) 0 或 -8; (2) $\left(\dfrac{5}{2},0,-2\right)$ 或 $\left(\dfrac{5}{2},0,-6\right)$.

7. (1) 模 2; (2) 方向余弦: $-\dfrac{1}{2},-\dfrac{\sqrt{2}}{2},\dfrac{1}{2}$, 方向角: $\alpha=\dfrac{2\pi}{3},\beta=\dfrac{3\pi}{4},\gamma=\dfrac{\pi}{3}$;
   (3) $\pm\left(\dfrac{1}{2},\dfrac{\sqrt{2}}{2},-\dfrac{1}{2}\right)$.

8. $\cos^2\alpha+\cos^2\beta+\cos^2\gamma=1$; $\sin^2\alpha+\sin^2\beta+\sin^2\gamma=2$.

9. (1) 13; (2) $7\boldsymbol{j}$.

10. $\left(\pm\dfrac{1}{2\sqrt{2}},\pm\dfrac{1}{2\sqrt{2}},\dfrac{\sqrt{3}}{2}\right)$.

11. $\boldsymbol{a}=(2,2,2)$.

12. D.

13. $\boldsymbol{a}\cdot\boldsymbol{b}=-1$, $\boldsymbol{a}\times\boldsymbol{b}=\{-3,5,7\}$.

14. -11.

15. (1) $\boldsymbol{a}/\!/\boldsymbol{b}$; (2) $\boldsymbol{a}\perp\boldsymbol{b}$.

16. 2.

17. $\dfrac{\sqrt{19}}{2}$.

18. $S_{\triangle ABC}=\left|\dfrac{1}{2}\begin{vmatrix} x_1 & y_1 & 1 \\ x_2 & y_2 & 1 \\ x_3 & y_3 & 1 \end{vmatrix}\right|$.

19. $\lambda(1,-1,1)(\lambda\neq 0)$.

20. (1) $\angle M_1M_2M_3=\dfrac{\pi}{3}$; (2) $\pm\left(\dfrac{1}{\sqrt{3}},\dfrac{1}{\sqrt{3}},\dfrac{1}{\sqrt{3}}\right)$.

21. $z=\dfrac{1}{5}$.

22. $-\dfrac{3}{2}$. 提示：$(a+b+c)^2=(a+b)^2+2(a+b)\cdot c+c^2=0$.

23. $b\cdot c=-16$；$|a\times b+b\times c+c\times a|=36$.

    提示：$a\times b+b\times c+c\times a=a\times b-b\times (a+b)-a\times (a+b)=3(a\times b)$.

24. (1) $k=-2$；(2) $\theta=\dfrac{\pi}{6}$ 或 $\theta=\dfrac{5\pi}{6}$.

25. $\lim\limits_{t\to 0}\dfrac{1}{t}(|a+tb|-|a|)=\lim\limits_{t\to 0}\dfrac{(a+tb)\cdot(a+tb)-a\cdot a}{t(|a+tb|+|a|)}$

    $=\lim\limits_{t\to 0}\dfrac{t^2(b\cdot b)+2t(a\cdot b)}{t(|a+tb|+|a|)}=\dfrac{2a\cdot b}{2|a|}=\text{Prj}_a b$.

26. $14x+9y-z-15=0$；$\begin{vmatrix} x-x_1 & y-y_1 & z-z_1 \\ x_2-x_1 & y_2-y_1 & z_2-z_1 \\ x_3-x_1 & y_3-y_1 & z_3-z_1 \end{vmatrix}=0$.

27. (1) 过点 $(0,3,0)$ 且平行于坐标面 xOz 的平面；(2) 过 x 轴且垂直于坐标面 yOz 的平面；

    (3) 截距分别为 $8,-4,\dfrac{8}{3}$ 的平面.

28. (1) 平行；(2) 垂直.

29. $\theta=\dfrac{\pi}{3}$.

30. 1.

31. $\dfrac{|D_2-D_1|}{\sqrt{A^2+B^2+C^2}}$.

32. (1) $x+z-2=0$；(2) $2x+y+2z-10=0$；(3) $2x-y-z=0$.

33. $\dfrac{x-x_1}{x_2-x_1}=\dfrac{y-y_1}{y_2-y_1}=\dfrac{z-z_1}{z_2-z_1}$.

34. 对称式方程：$\dfrac{x}{4}=\dfrac{y-\dfrac{1}{4}}{-1}=\dfrac{z+\dfrac{5}{4}}{-3}$；参数式方程：$\begin{cases} x=4t, \\ y=-t+\dfrac{1}{4}, \\ z=-3t-\dfrac{5}{4}. \end{cases}$

35. (1) $L_1\perp L_2$；(2) $L_1\parallel L_2$.

36. $\dfrac{\sqrt{26}}{3}$.

37. 设 $M_0(x_0,y_0,z_0),M(x,y,z)$，则 $d=|\overrightarrow{M_0M}|\cdot\dfrac{|\overrightarrow{M_0M}\times s|}{|\overrightarrow{M_0M}||s|}=\dfrac{|\overrightarrow{M_0M}\times s|}{|s|}$.

38. $(1,2,2)$.

39. $(3,-2,1)$.

40. C.

41. $x-y-z-5=0$.

42. $\dfrac{x}{-2}=\dfrac{y-2}{3}=\dfrac{z-4}{1}$.

43. $8x-9y-22z-59=0$.

44. $x-3y+z+2=0$.

45. $(2,5,2)$. 提示：求出过 M 且和直线 L 垂直的直线与 L 的交点.

46. $\begin{cases} y-z-1=0, \\ x+y+z=0. \end{cases}$ 提示：用平面束方程求解.

47. (1) 直线；平面； (2) 直线；平面； (3) 圆；圆柱面方程； (4) 抛物线；抛物柱面.

48. (1) 球面； (2) 旋转椭球面； (3) 圆锥面； (4) 椭圆抛物面； (5) 旋转抛物面.

49. $\begin{cases} x^2+y^2=1, \\ z=0. \end{cases}$

50. 绕 z 轴所求旋转曲面方程为 $\dfrac{x^2+y^2}{a^2}-\dfrac{z^2}{c^2}=1$；绕 x 轴所求旋转曲面方程为 $\dfrac{x^2}{a^2}-\dfrac{y^2+z^2}{c^2}=1$.

51. C.

52. $(x-1)^2+y^2=(z^2-1)^2+1$.

测 试 卷 七

一、1. B. 2. D. 3. C. 4. A. 5. C. 6. D. 7. B.

二、1. $x=1$. 2. $4\sqrt{2}$. 3. 1.

三、1. 平面、空间直角坐标系中分别表示点$(2,0)$、过$(2,0,0)$且与 z 轴平行的直线；

2. 2. 3. $\left(-\dfrac{5}{3},\dfrac{2}{3},\dfrac{2}{3}\right)$. 4. $k=\dfrac{3}{4}$.

四、$V=\dfrac{1}{6}|abc|=\dfrac{1}{3}Ad \Rightarrow A=\dfrac{1}{2}\sqrt{a^2b^2+b^2c^2+c^2a^2}$.

*五、$\dfrac{x-2}{-7}=\dfrac{y}{-2}=\dfrac{z-1}{8}$.

*六、略.

七、*1. $\lim\limits_{x\to 0}\dfrac{|a+xb|-|a|}{x}=\lim\limits_{x\to 0}\dfrac{x^2 b\cdot b+2xa\cdot b}{x(|a+xb|+|a|)}=\text{Prj}_a b=|b|\cos(\widehat{a,b})=\dfrac{\sqrt{2}}{2}$.

*2. $\left(-13+\dfrac{5}{7},\dfrac{17}{7},\dfrac{43}{7}\right)$.

第八章 多元函数微分法及其应用

1. x^2+y^2.

2. $\dfrac{x^2+y^2}{2}$.

3. (1) $\{(x,y)\,|\,x<y<2x|\}$； (2) $\{(x,y,z)\,|\,r^2<x^2+y^2+z^2\leqslant R^2|\}$.

4. (1) 1； (2) $\dfrac{2}{3}$； (3) 不存在.

5. ×.

6. (1) $\{(x,y)\,|\,x^2+y^2=1\}$； (2) $\{(x,y)\,|\,x^2\leqslant y^2\}$. 7、8. 略.

9. (1) $\dfrac{1}{2x\sqrt{\ln x y}}$； (2) $z_x=\dfrac{2}{y}\tan\dfrac{x}{y}\sec^2\dfrac{x}{y}$；$z_y=-\dfrac{2x}{y^2}\tan\dfrac{x}{y}\sec^2\dfrac{x}{y}$； (3) 1；

   (4) $u_x(3,2,2)=108, u_y(3,2,2)=324\ln 2, u_z(3,2,2)=324\ln 2\cdot\ln 3$；

   (5) $z_x=y^2(1+xy)^{y-1}$；$z_y=(1+xy)^y\left[\ln(1+xy)+\dfrac{xy}{1+xy}\right]$.

10. (1) $z_{xy}=z_{yx}=6x^2y-9y^2-1, f_{xx}(1,0)=0$； (2) $z_{xx}=\dfrac{2xy}{(x^2+y^2)^2}, z_{xy}=\dfrac{y^2-x^2}{(x^2+y^2)^2}$.

11. 略.

12. $z_x=e^{xy}[y\sin(x+y)+\cos(x+y)]$, $z_y=e^{xy}[x\sin(x+y)+\cos(x+y)]$.

13. $\ln t+2\cos 2t+1$.

14. $z_x = y^2 f_1' + 2xy f_2'$, $z_y = 2xy f_1' + x^2 f_2'$.

15. $z_x = 2xf + x^2\cos x f_1'$, $z_y = -x^2\sin y f_2'$, $z_{xy} = -x\sin y(2f_2' + x\cos x f_{12}'')$.

16. 略.

17. $z_{xy} = \varphi'(x) f''[\varphi(x+y)]$.

18. $\dfrac{y^2 - e^x}{\cos y - 2xy}$.

19. (1) $z_x = \dfrac{x}{2-z}$, $z_y = \dfrac{y}{2-z}$; (2) $z_x = \dfrac{z}{x+z}$, $z_y = \dfrac{z^2}{y(x+z)}$. **20.** 略.

*21. $u_x = -\dfrac{xu+yv}{x^2+y^2}$, $v_y = -\dfrac{xu+yv}{x^2+y^2}$.

*22. $\dfrac{dz}{dx} = \dfrac{x-y}{y-z}$, $\dfrac{dz}{dy} = \dfrac{x-y}{z-x}$. **23.** 略.

24. $-\dfrac{2x^2}{y^2} f_{12}'' - \dfrac{1}{y^2} f_2' - \dfrac{x}{y^3} f_{22}''$.

25. 47. 提示：$\varphi'(x) = f_x[x, f(x,2x)] + f_y[x,f(x,2x)] \cdot [f_x(x,2x) + 2f_y(x,2x)]$.

26. -1. 提示：$f_x(x,y,z) = y \cdot 2x \cdot z^3 + y \cdot x^2 \cdot 3z^2 \cdot z_x$，且 $2x - 2z \cdot z_x - 3y(z + xz_x) = 0$.

27. 略.

*28. $u_x = \dfrac{\begin{vmatrix} -uf_1' & f_2' \\ g_1' & 2yvg_2' - 1 \end{vmatrix}}{\begin{vmatrix} xf_1' - 1 & f_2' \\ g_1' & 2yvg_2' - 1 \end{vmatrix}}$, $u_y = \dfrac{\begin{vmatrix} xf_1' - 1 & -uf_1' \\ g_1' & 2yvg_2' - 1 \end{vmatrix}}{\begin{vmatrix} xf_1' - 1 & f_2' \\ g_1' & 2yvg_2' - 1 \end{vmatrix}}$.

提示：$\begin{cases} \dfrac{\partial u}{\partial x} = f_1' \cdot (u + xu_x) + f_2' \cdot \dfrac{\partial v}{\partial x}, \\ \dfrac{\partial v}{\partial x} = g_1' \cdot (u_x - 1) + g_2' \cdot 2y \cdot v\dfrac{\partial v}{\partial x}. \end{cases}$

30. (1) $\dfrac{-xy\,dx + x^2\,dy}{(x^2+y^2)^{3/2}}$; (2) $-\dfrac{y}{|x|\sqrt{x^2-y^2}}dx + \dfrac{\mathrm{sgn}\,x}{\sqrt{x^2-y^2}}dy$;

(3) $-\dfrac{x}{2z}dx - \dfrac{3y}{4z}dy$; (4) $\dfrac{z}{x+z}dx + \dfrac{z^2}{xy+yz}dy$.

31. (1) 可微. 提示：$\Delta\psi(x,y) = \psi(\Delta x, \Delta y) - \psi(0,0) = |\Delta x - \Delta y|\varphi(\Delta x, \Delta y)$,

$\lim\limits_{\rho\to 0}\dfrac{|\Delta x - \Delta y|\varphi(\Delta x, \Delta y)}{\rho}$，$|\Delta x - \Delta y| \leqslant 2\rho$，故 $\dfrac{|\Delta x - \Delta y|}{\rho} \leqslant 2$.

(2) $dz = \dfrac{2xy^3}{(x^2+y^2)^2}dx + \dfrac{x^2(x^2-y^2)}{(x^2+y^2)^2}dy$, $x^2 + y^2 \neq 0$; 连续，可偏导，不可微.

提示：$\dfrac{|y|}{1+\dfrac{y^2}{x}} \leqslant \sqrt{x^2+y^2}$.

32. $T = \left(\dfrac{1}{4}, -1, 2\right)$，切线方程：$\dfrac{x - \dfrac{1}{2}}{\dfrac{1}{4}} = \dfrac{y-2}{-1} = \dfrac{z-1}{2}$，法平面方程：$2x - 8y + 16z - 1 = 0$.

33. $T = (1, 1, \sqrt{2})$，切线方程：$\dfrac{x - \dfrac{\pi}{2} + 1}{1} = \dfrac{y-1}{1} = \dfrac{z - 2\sqrt{2}}{\sqrt{2}}$，法平面方程：$x + y + \sqrt{2}z - \dfrac{\pi}{2} - 4 = 0$.

34. $\boldsymbol{n}_{内} = -(2,4,6)$, $\boldsymbol{n}_{外} = (2,4,6)$.

35. (1) $\boldsymbol{n}|_{(2,1,0)} = (1,2,0)$, 切平面方程：$x + 2y - 4 = 0$, 法线方程：$\dfrac{x-2}{1} = \dfrac{y-1}{2} = \dfrac{z-0}{0}$.

(2) $\boldsymbol{n}|_{(2,1,0)} = (4,2,-1)$, 切平面方程：$4x + 2y - z - 10 = 0$, 法线方程：$\dfrac{x-2}{4} = \dfrac{y-1}{2} = \dfrac{z}{-1}$.

36. $\dfrac{1}{\sqrt{2}}$.

37. $\sqrt{3}$.

38. 5.

39. $(2,4,6)$.

40. $(2,2,1)$.

41. $\begin{cases} x=-a, \\ z=a. \end{cases}$

42. $\dfrac{x-\frac{1}{4}}{-1}=\dfrac{y+\frac{1}{3}}{1}=\dfrac{z-\frac{1}{2}}{-1}$ 及 $\dfrac{x-4}{-8}=\dfrac{y+\frac{8}{3}}{4}=\dfrac{z-2}{-2}$.

*43. $\dfrac{x-1}{8}=\dfrac{y+1}{10}=\dfrac{z-2}{7}, 8x+10y+7z-22=0$,

$\boldsymbol{T}=\left(\begin{vmatrix} F_y & F_z \\ G_y & G_z \end{vmatrix}_0, \begin{vmatrix} F_z & F_x \\ G_z & G_x \end{vmatrix}_0, \begin{vmatrix} F_x & F_y \\ G_x & G_y \end{vmatrix}_0\right)$.

*44. $\dfrac{1}{2}$.

*45. $3\sqrt{5}$.

*46. 6.

47. 提示：$\dfrac{\partial f}{\partial \boldsymbol{l}}\bigg|_{(0,0)}=\lim\limits_{t\to 0^+}\dfrac{f(t\cos\alpha,t\cos\beta)}{t}=\lim\limits_{t\to 0^+}\dfrac{\sqrt{(t\cos\alpha)^2+(t\cos\beta)^2}}{t}=1$,

沿 $y=0$ 趋向于 $(0,0)$ 时, $\lim\limits_{\Delta x\to 0}\dfrac{\sqrt{(\Delta x)^2+(\Delta y)^2}-0}{\Delta x}=\lim\limits_{\Delta x\to 0}\dfrac{|\Delta x|}{\Delta x}$ 不存在.

48. $4x-y+4z-1=0$. 提示：过直线 $L:\begin{cases} x-y+z=0, \\ x+2y+z=1 \end{cases}$ 的平面束方程为

$(1+\lambda)x+(2\lambda-1)y+(1+\lambda)z-\lambda=0$.

49. 过定点 (a,b,c).

50. $\left(\dfrac{1}{2},-\dfrac{1}{2},0\right),\left(\dfrac{\partial z}{\partial \boldsymbol{l}}\right)_{\max}=\sqrt{2}$. 提示：$G(x,y,z)=\dfrac{\partial z}{\partial \boldsymbol{l}}\bigg|_{(x,y,z)}=\dfrac{1}{\sqrt{2}}\cdot 2x-\dfrac{1}{\sqrt{2}}\cdot 2y=\sqrt{2}x-\sqrt{2}y$,

令 $F(x,y,z)=G(x,yz)+\lambda\varphi(x,y,z)$.

51. $a=3,b=9$.

52. 极大值：$f(2,-2)=8$.

53. 极大值：$f(-4,-2)=8\mathrm{e}^{-2}$.

54. 极小值：$4a^2$.

55. $\alpha=\dfrac{\pi}{3},x=8\mathrm{cm}$.

56. $p_1=31.5, p_2=14$.

57. $\dfrac{\sqrt{2}}{2}$.

58. $b=2a$.

59. 设长为 y, 宽为 z, 高为 x, 则 $x=\sqrt[3]{\dfrac{k}{4}}, y=z=2x=\sqrt[3]{2k}$.

60. $Q_1=13, Q_2=26$.

61. (1) $x_1=1.5, x_2=1$; (2) $x_1=0, x_2=1.5$.

62. $\dfrac{\sin\theta_1}{\sin\theta_2}=\dfrac{v_1}{v_2}$.

63. 极小值：-2，极大值：6.

64. $f_{\min}(x,y)=0, f_{\max}(x,y)=25$. 提示：求出在圆域内的驻点$(0,0)$，并令 $F(x,y)=x^2+y^2+\lambda[(x-\sqrt{2})^2+(y-\sqrt{2})^2-9]$，用 Lagrange 乘数法求解.

65. $f_{\min}(3,3)=-18, f_{\max}\left(\dfrac{4}{3},\dfrac{4}{3}\right)=\dfrac{64}{27}$. 提示：分别求出函数 f 在区域内和区域边界上的最值.

测试卷八

一、1. B.　2. B.　3. C.　4. B.　5. B.　6. D.　7. A.

二、1. $\{(x,y)\mid 0\neq x^2+y^2<1, y^2\leqslant 4x\}$.

　2. $\dfrac{1}{3}\mathrm{d}x+\dfrac{2}{3}\mathrm{d}y$.

　3. $x+1-\dfrac{\pi}{2}=y-1=\dfrac{z-2\sqrt{2}}{\sqrt{2}}$.

三、1. $z_x=f_1'\varphi'(x), z_{xy}=f_{12}''\varphi'(x)\varphi'(y)$.

　2. $z_y=\dfrac{2\sin z-x^2}{\mathrm{e}^z-2y\cos z}$.

　3. $\dfrac{\mathrm{d}z}{\mathrm{d}t}=\sec^2\left(3t+\dfrac{4}{t^2}-\sqrt{t}\right)\cdot\left(3-\dfrac{4}{t^3}-\dfrac{1}{2\sqrt{t}}\right)$.

　*4. $\left[\dfrac{\partial z}{\partial l}\bigg|_{(1,1)}\right]_{\max}=|\mathrm{grad}\,z(1,1)|=\sqrt{2}, \mathrm{grad}\,z(1,1)=(1,1)$.

四、$\left(\dfrac{\sqrt{3}}{6},\dfrac{\sqrt{3}}{3},\dfrac{\sqrt{3}}{6}\right)$.

五、提示：$z_x=\dfrac{-y\cdot f'(x^2-y^2)\cdot 2x}{f^2(x^2-y^2)}, z_y=\dfrac{f(x^2-y^2)+f'(x^2-y^2)\cdot 2y^2}{f^2(x^2-y^2)}$.

六、$h=2H=\dfrac{2}{\sqrt{5}}R$.

提示：设 $F(R,H,h)=2\pi RH+\pi R\sqrt{R^2+h^2}+\lambda\left(\pi R^2 H+\dfrac{1}{3}\pi R^2 h-V\right)$，

令 $\begin{cases} F_R=2\pi H+\pi\sqrt{R^2+h^2}+\pi\dfrac{R^2}{\sqrt{R^2+h^2}}+\lambda 2\pi RH+\dfrac{2}{3}\lambda\cdot\pi Rh=0, \\ F_h=\pi R\cdot\dfrac{h}{\sqrt{R^2+h^2}}+\dfrac{1}{3}\lambda\pi R^2=0, \\ F_H=2\pi R+\lambda\pi R^2=0, \\ \pi R^2 H+\dfrac{1}{3}\pi R^2 h-V=0. \end{cases}$

七、1. 最大值为 $\ln(6\sqrt{3})+6\ln R$. 提示：设 $F(x,y,z)=\ln x+2\ln y+3\ln z+\lambda(x^2+y^2+z^2-6R^2)$.

　*2. 提示：$\boldsymbol{n}=\left\{\dfrac{af_1'}{bf_1'+cf_2'},\dfrac{af_2'}{bf_1'+cf_2'},-1\right\}\bigg|_{(x_0,y_0,z_0)}$，令 $\boldsymbol{s}=\{b,c,a\}$，则 $\boldsymbol{n}\cdot\boldsymbol{s}=0$.

第九章　重积分

1. $4\leqslant\iint\limits_{D}(2x+y-1)\mathrm{d}\sigma\leqslant 12$.

2. $\iint\limits_{D}(x^2-y^2)\mathrm{d}\sigma\leqslant\iint\limits_{D}\sqrt{x^2-y^2}\,\mathrm{d}\sigma$.

4. (1) A； (2) 0.

5. (1) $\int_0^2 dy \int_{y^2}^{2y} f(x,y)dx = \int_0^4 dx \int_{\frac{x}{2}}^{\sqrt{x}} f(x,y)dy$;

(2) $\int_1^e dx \int_0^{\ln x} f(x,y)dy = \int_0^1 dy \int_{e^y}^{e} f(x,y)dx$;

(3) $\int_0^1 dy \int_y^{\sqrt{2y-y^2}} f(x,y)dy = \int_0^1 dx \int_{1-\sqrt{1-x^2}}^{x} f(x,y)dy$;

(4) $\int_{\frac{1}{2}}^{1} dy \int_{\frac{1}{y}}^{2} f(x,y)dx + \int_1^2 dy \int_y^2 f(x,y)dx = \int_1^2 dx \int_{\frac{1}{x}}^{x} f(x,y)dy$.

6. $\iint_D f_1(x)f_2(y)d\sigma = \int_a^b dx \int_c^d f_1(x)f_2(y)dy = \int_a^b \left[f_1(x) \int_c^d f_2(y)dy\right]dx$

$= \int_a^b f_1(x)dx \int_c^d f_2(y)dy = \left[\int_a^b f_1(x)dx\right] \cdot \left[\int_c^d f_2(x)dx\right]$.

7. $\frac{1}{2}(e^2-1)$.

8. (1) $\frac{3}{2}\pi$； (2) $\frac{6}{55}$. (3) $\frac{9}{4}$； (4) $\frac{125}{12}$.

9. (1) $\int_0^1 dx \int_x^1 e^{-y^2}dy = \int_0^1 dy \int_0^y e^{-y^2}dx = \frac{1}{2e}(e-1)$;

(2) $\int_0^1 dy \int_y^{\sqrt{y}} \frac{\sin x}{x-x^2}dx = \int_0^1 dx \int_{x^2}^{x} \frac{\sin x}{x-x^2}dy = 1-\cos 1$.

10. (1) $\pi(e^4-1)$； (2) 0； (3) $\frac{\pi}{8}$.

*****11.** $V = \iint_D [(6-2x^2-y^2)-(x^2+2y^2)]d\sigma = \int_0^{2\pi} d\theta \int_0^{\sqrt{2}} (6-3r^2)rdr = 6\pi$.

*****12.** (1) $A = 8\iint_D \sqrt{1+\frac{c^4 x^2}{a^4 z^2}+\frac{c^4 x^2}{b^4 z^2}}dxdy$; (2) $V = 8c\iint_D \sqrt{1-\frac{x^2}{a^2}-\frac{y^2}{b^2}}dxdy$.

*****13.** $\sqrt{2}\pi$.

14. (1) $\iint_D |\cos(x+y)|d\sigma = \int_0^{\frac{\pi}{2}} dx \int_0^{\frac{\pi}{2}-x} \cos(x+y)dy + \int_0^{\frac{\pi}{2}} dx \int_{\frac{\pi}{2}-x}^{\pi} [-\cos(x+y)]dy$

$- \int_{\frac{\pi}{2}}^{\pi} dx \int_0^{\frac{3\pi}{2}-x} \cos(x+y)dy + \int_{\frac{\pi}{2}}^{\pi} dx \int_{\frac{3\pi}{2}-x}^{\pi} \cos(x+y)dy$

$= \pi$;

(2) $-\frac{2}{3}$. 提示：利用奇偶对称性可得$\iint_D yx e^{\frac{x^2+y^2}{2}}d\sigma = 0$.

15. $\int_0^{\sqrt{2}} dy \int_y^{\sqrt{4-y^2}} f'(x^2+y^2)dx = \int_0^{\frac{\pi}{4}} d\theta \int_0^2 f'(r^2) \cdot rdr = \frac{\pi}{8}[f(r^2)]_0^2 = \frac{\pi}{8}[f(4)-f(0)]$.

16. (1) 设 $g(x) = \int_0^x e^{(x-y)^2}dy \xrightarrow{x-y=u} \int_0^x e^{u^2}du$，则 $g'(x) = e^{x^2}$，

$\lim_{t\to 0} \frac{1}{t^2} \int_0^{2t} dx \int_0^x e^{(x-y)^2}dy = \lim_{t\to 0} \frac{1}{t^2} \int_0^{2t} g(x)dx = \lim_{t\to 0} \frac{2g(2t)}{2t} = \lim_{t\to 0} \frac{4g'(2t)}{2} = 2$;

(2) $f(0,0)\pi$. 提示：利用积分中值定理.

17. $f(x,y) = 3(x+y) - 32xy$.

提示：$\iint_D f(x,y)d\sigma = \iint_D 3(x+y)d\sigma + \iint_D 16xy d\sigma \cdot \iint_D f(x,y)d\sigma$.

18. (1) $\bar{x} = 1, \bar{y} = \frac{1}{3}$； (2) $I_0 = \frac{4}{3}$.

19. $\frac{9}{2}\pi$.

20. $\frac{\pi}{2}(e-e^{-1})(e^2-e^{-2})$. 提示：$\iiint_\Omega dv = \int_{-1}^1 e^x dx \int_{-2}^2 e^y dy \int_{-1}^1 \frac{1}{1+z^2} dz$.

21. $\frac{1}{24}$. 提示：$\iiint_\Omega y dx dy dz = \int_0^1 dx \int_0^{1-x} dy \int_0^{1-x-y} y dz$.

22. (1) $\frac{16}{3}\pi$. 提示：$\iiint_\Omega (x^2+y^2) dv = \int_0^{2\pi} d\theta \int_0^2 \rho d\rho \int_{\frac{1}{2}\rho^2}^2 \rho^2 dz$;

(2) $\frac{\pi}{12}$. 提示：$\iiint_\Omega z dv = \int_0^{2\pi} d\theta \int_0^1 \rho d\rho \int_{\rho}^{\rho} z dz$.

23. $\frac{4}{5}\pi$. 提示：$\iiint_\Omega (x^2+y^2+z^2) dv = \int_0^{2\pi} d\theta \int_0^\pi d\varphi \int_0^1 r^4 \sin\varphi dr$.

24. $\frac{1984}{15}\pi$. 提示：$\iiint_\Omega \sqrt{x^2+y^2} dv = \int_2^8 dz \int_0^{2\pi} d\theta \int_0^{\sqrt{2z}} \rho^2 d\rho$.

25. $2x+3y^2+4z^3+\frac{3}{35}$. 提示：两边积分后利用奇偶对称性得 $\iiint_{x^2+y^2+z^2\leqslant 1} f(x,y,z) dv = \frac{32}{35}\pi$.

26. 提示：设 $F(x,y,z) = x+2y-2z+5+\lambda(x^2+y^2+z^2-1)$，利用 Lagrange 乘数法得 $\sqrt[3]{2} \leqslant x+2y-2z+5 \leqslant 2$，再利用估值定理.

27. (1) $V = \iint_D (x^2+y^2) dx dy = \int_{-a}^a dx \int_{-a}^a (x^2+y^2) dy = \frac{8}{3}a^4$；

(2) $\bar{x}=0, \bar{y}=0, \bar{z} = \frac{1}{M}\iiint_\Omega z\rho(x,y,z)dv = \frac{\rho}{\rho V}\int_{-a}^a dx \int_{-a}^a dy \int_0^{x^2+y^2} z dz = \frac{7}{15}a^2$;

(3) $I_z = \iiint_\Omega (x^2+y^2)\rho(x,y,z)dv = \rho \int_{-a}^a dx \int_{-a}^a dy \int_0^{x^2+y^2} (x^2+y^2) dz = \frac{112}{45}\rho a^6$.

测试卷九

一、**1.** B. **2.** C. **3.** C. **4.** C. **5.** C. ***6.** A. ***7.** D.

二、**1.** $[0,48]$. **2.** $\int_0^1 dy \int_{2-y}^{1+\sqrt{1-y^2}} f(x,y) dx$. ***3.** $\int_0^1 dx \int_0^{2(1-x)} dy \int_0^{3(1-x-\frac{y}{2})} f(x,y,z) dz$.

三、**1.** $\frac{7}{12}$. **2.** $2\pi \ln\frac{3}{2}$. ***3.** $-\frac{5}{16}+\frac{1}{2}\ln 2$. **4.** 1. 提示：$\int_0^\pi dy \int_{\sqrt{y}}^{\sqrt{\pi}} \frac{\sin x^2}{x} dx = \int_0^{\sqrt{\pi}} dx \int_0^{x^2} \frac{\sin x^2}{x} dy$.

*四、$\frac{\pi}{2}$. 提示：$\iiint_\Omega z dv = \int_0^{2\pi} d\theta \int_0^1 \rho d\rho \int_\rho^{\sqrt{2-\rho^2}} z dz$.

*五、$4\pi - 8$. 提示：$\sqrt{1+z_x^2+z_y^2} = \frac{2}{\sqrt{4-x^2-y^2}}$, $A = 2\int_{-\frac{\pi}{2}}^{\frac{\pi}{2}} d\theta \int_0^{2\cos\theta} \frac{2\rho}{\sqrt{4-\rho^2}} d\rho$.

*六、$\frac{17}{6}$. 提示：$V = \iint_D (6-x^2-y^2) dx dy = \int_0^1 dx \int_0^{1-x} (6-x^2-y^2) dy$.

七、**1.** $\frac{11}{15}$. 提示：$\iint_D |x^2-y| d\sigma = 2\left[\iint_{D_1} (y-x^2) dx dy + \iint_{D_2} (x^2-y) dx dy\right]$

$= 2\left[\int_0^1 dx \int_{x^2}^1 (y-x^2) dy + \int_0^1 dx \int_0^{x^2} (x^2-y) dy\right]$.

2. 提示：$\int_0^1 dy \int_0^y f(x^2-2x+1) dx = \int_0^1 (1-x) f[(1-x)^2] dx$.

*第十章　曲线积分与曲面积分

1. 略.

2. 0.

3. $12a$.

4. $\frac{1}{12}(5\sqrt{5}+6\sqrt{2}-1)$.

5. $2\pi a^{2n+1}$.

6. $\frac{256}{12}a^3$.

7. 9.

8. $2\pi a^2\sqrt{a^2+k^2}(a^2+\frac{4k^2\pi^2}{3})$. 提示：$I_z=\int_0^{2\pi}a^2(a^2+k^2t^2)\sqrt{a^2+k^2}\,dt$.

9. $-\frac{14}{15}$.

10. 13.

11. 2π.

12. -2π.

13. $\int_1^0[-(\cos y+e^y)]dy+\int_{-1}^2 12x+e^0 dx = e+20+\sin 1$.

14. $\int_0^1[(x^2-x)-(x+\sin^2 x)]dx = -\frac{7}{6}+\frac{1}{4}\sin 2$.

15. $\because \frac{\partial Q}{\partial x}=\frac{\partial P}{\partial y}=-2x\sin y+2y\cos x$,

$\therefore u(x,y)=\int_{(0,0)}^{(x,y)}Pdx+Qdy=\int_0^x 2xdx+\int_0^y(2y\sin x-x^2\sin y)dy=y^2\sin x+x^2\cos y$.

16. 提示：$P=-\frac{k}{\rho^3}x, Q=-\frac{k}{\rho^3}y$, 易知 $\frac{\partial Q}{\partial x}=\frac{\partial P}{\partial y}$.

17. $m=-1$.

18. $u(x,y)=\int_1^x \frac{1}{x}dx+\int_0^y \frac{y-x}{x^2+y^2}dy=\frac{1}{2}\ln(x^2+y^2)-\arctan\frac{y}{x}$.

19. $\begin{cases}0, & (0,0)\notin D, \\ 2\pi, & (0,0)\in D.\end{cases}$ 提示：利用 Green 公式.

20. $V_x=\pi\int_a^b f_2^2(x)dx-\pi\int_a^b f_1^2(x)dx=-\pi\int_{L_2}y^2 dx-\pi\int_{L_1}y^2 dx=-\pi\int_L y^2 dx$;

同理可得：$V_y=\pi\int_L x^2 dy$.

21. $\left(\frac{\sqrt{3}}{3}a,\frac{\sqrt{3}}{3}b,\frac{\sqrt{3}}{3}c\right), W_{\max}=\frac{\sqrt{3}}{9}abc$.

提示：求 $W=xyz$ 在 $\frac{x^2}{a^2}+\frac{y^2}{b^2}+\frac{z^2}{c^2}=1(x,y,z>0)$ 的最大值，令

$\frac{x}{a}=x_1,\frac{y}{b}=y_1,\frac{z}{c}=z_1$.

22. $\iint_{D_{xy}}\left(4-2x-\frac{4y}{3}+2x+\frac{4y}{3}\right)\frac{\sqrt{61}}{3}dxdy=4\sqrt{61}$.

23. $\iint_\Sigma \frac{dS}{z}=\iint_{D_{xy}}\frac{a\,dxdy}{a^2-x^2-y^2}=a\int_0^{2\pi}d\theta\int_0^{\sqrt{a^2-h^2}}\frac{\rho d\rho}{a^2-\rho^2}=2\pi a\ln\frac{a}{h}$.

24. $\frac{\sqrt{3}}{120}$.

25. (1) $\bar{x} = \dfrac{\iint\limits_{\Sigma} xu\,\mathrm{d}S}{\iint\limits_{\Sigma} u\,\mathrm{d}S} = \dfrac{\iint\limits_{D_{xy}} \dfrac{x\,\mathrm{d}x\,\mathrm{d}y}{\sqrt{3-2(x^2+y^2)}}}{\iint\limits_{D_{xy}} \dfrac{\mathrm{d}x\,\mathrm{d}y}{\sqrt{3-2(x^2+y^2)}}} = 0,\ \bar{y} = \dfrac{\iint\limits_{\Sigma} yu\,\mathrm{d}S}{\iint\limits_{\Sigma} u\,\mathrm{d}S} = \dfrac{\iint\limits_{D_{xy}} \dfrac{y\,\mathrm{d}x\,\mathrm{d}y}{\sqrt{3-2(x^2+y^2)}}}{\iint\limits_{D_{xy}} \dfrac{\mathrm{d}x\,\mathrm{d}y}{\sqrt{3-2(x^2+y^2)}}} = 0,$

$\bar{z} = \dfrac{\iint\limits_{\Sigma} zu\,\mathrm{d}S}{\iint\limits_{\Sigma} u\,\mathrm{d}S} = \dfrac{\iint\limits_{D_{xy}} \dfrac{\sqrt{1-(x^2+y^2)}\,\mathrm{d}x\,\mathrm{d}y}{\sqrt{3-2(x^2+y^2)}}}{\iint\limits_{D_{xy}} \dfrac{\mathrm{d}x\,\mathrm{d}y}{\sqrt{3-2(x^2+y^2)}}} = \dfrac{4\sqrt{3}+\sqrt{2}\ln(5-2\sqrt{6})}{16(\sqrt{3}-\sqrt{2})}.$

(2) $I_z = \iint\limits_{\Sigma}(x^2+y^2)\cdot u\,\mathrm{d}S = \iint\limits_{D_{xy}}(x^2+y^2)\cdot\dfrac{\mathrm{d}x\,\mathrm{d}y}{\sqrt{3-(x^2+y^2)}}$

$= 4\int_0^{\frac{\pi}{2}}\mathrm{d}\theta\int_0^1 \dfrac{\rho^2}{\sqrt{3-\rho^2}}\rho\,\mathrm{d}\rho = 2\pi\left(-\dfrac{7\sqrt{2}}{3}+2\sqrt{3}\right).$

26. $\iint\limits_{\Sigma}(x^2+y^2)\,\mathrm{d}x\,\mathrm{d}y = -\iint\limits_{D_{xy}}(x^2+y^2)\,\mathrm{d}x\,\mathrm{d}y = -\int_0^{2\pi}\mathrm{d}\theta\int_0^2 \rho^3\,\mathrm{d}\rho = -8\pi.$

27. $\int_0^{\frac{\pi}{2}}\mathrm{d}\theta\int_0^1 \rho^2\cos\theta\sin\theta\sqrt{1-\rho^2}\,\rho\,\mathrm{d}\rho = \dfrac{1}{15}.$

28. $y\mathrm{e}^{xy} - x\sin(xy) - 2xz\sin(xz^2).$

29. $\iiint\limits_{\Omega}\left(\dfrac{\partial P}{\partial x}+\dfrac{\partial Q}{\partial y}+\dfrac{\partial R}{\partial z}\right)\mathrm{d}v = 3\iiint\limits_{\Omega}\mathrm{d}v = 3a^3.$

30. $-\dfrac{9}{2}\pi.$

31. $\dfrac{12}{5}\pi a^5.$ 提示：$\oiint\limits_{\Sigma} x^3\,\mathrm{d}y\,\mathrm{d}z + y^3\,\mathrm{d}z\,\mathrm{d}x + z^3\,\mathrm{d}x\,\mathrm{d}y = 3\int_0^{2\pi}\mathrm{d}\theta\int_0^{\pi}\mathrm{d}\varphi\int_0^a r^2\cdot r^2\sin\varphi\,\mathrm{d}r.$

32. $\mathrm{div}(\mathrm{grad}\,u) = \dfrac{2}{x^2+y^2+z^2}.$

33. $\mathrm{div}(\mathrm{grad}\,u) = f_{xx}+f_{yy}+f_{zz}.$

34. $3\pi.$ 提示：原式 $= \iint\limits_{D_{yz}}(z^2+\sqrt{1-y^2})\,\mathrm{d}y\,\mathrm{d}z - \iint\limits_{D_{yz}}(z^2-\sqrt{1-y^2})\,\mathrm{d}y\,\mathrm{d}z.$

35. $108\pi.$

36. 提示：利用 Green 第一公式（同济 P171）．

$\iiint\limits_{\Omega}u\left(\dfrac{\partial^2 v}{\partial x^2}+\dfrac{\partial^2 v}{\partial y^2}+\dfrac{\partial^2 v}{\partial z^2}\right)\mathrm{d}x\mathrm{d}y\mathrm{d}z = \oiint\limits_{\Sigma} u\dfrac{\partial v}{\partial \boldsymbol{n}}\mathrm{d}S - \iiint\limits_{\Omega}\left(\dfrac{\partial u}{\partial x}\cdot\dfrac{\partial v}{\partial x}+\dfrac{\partial u}{\partial y}\cdot\dfrac{\partial v}{\partial y}+\dfrac{\partial u}{\partial z}\cdot\dfrac{\partial v}{\partial z}\right),$

$\iiint\limits_{\Omega}v\left(\dfrac{\partial^2 u}{\partial x^2}+\dfrac{\partial^2 u}{\partial y^2}+\dfrac{\partial^2 u}{\partial z^2}\right)\mathrm{d}x\mathrm{d}y\mathrm{d}z = \oiint\limits_{\Sigma} v\dfrac{\partial u}{\partial \boldsymbol{n}}\mathrm{d}S - \iiint\limits_{\Omega}\left(\dfrac{\partial v}{\partial x}\cdot\dfrac{\partial u}{\partial x}+\dfrac{\partial v}{\partial y}\cdot\dfrac{\partial u}{\partial y}+\dfrac{\partial v}{\partial z}\cdot\dfrac{\partial v}{\partial z}\right),$

两式相减可得：$\iiint\limits_{\Omega}(u\Delta v - v\Delta y)\,\mathrm{d}x\mathrm{d}y\mathrm{d}z = \oiint\limits_{\Sigma}\left(u\dfrac{\partial v}{\partial \boldsymbol{n}} - v\dfrac{\partial u}{\partial \boldsymbol{n}}\right)\mathrm{d}S.$

37. $9\pi.$

38. (1) $(2,4,6)$； (2) $(1,1,0).$

测试卷十

一、1. B.　2. B.　3. C.　4. D.　5. C.　6. A.　7. C.

二、1. $4\sqrt{2}.$　2. $2+6y+12z^2.$　3. $k=2.$

三、1. $\dfrac{2}{3}.$　2. $2.$　3. $\dfrac{2\sqrt{2}}{3}\pi.$　4. $\dfrac{\pi}{3}.$

四、$u(x,y) = \int_0^x 3x^2 \mathrm{d}x + \int_0^y (x^2 + 3y^2)\mathrm{d}y = x^3 + x^2y + y^3$.

五、提示：$\dfrac{\partial Q}{\partial x} = \dfrac{\partial P}{\partial y} = -\dfrac{1}{y^2} + f(xy) + xyf'(xy)$，

$\displaystyle\int_L \dfrac{1+y^2 f(xy)}{y}\mathrm{d}x + \dfrac{x}{y^2}[y^2 f(xy) - 1]\mathrm{d}y = \int_{\frac{2}{3}}^1 \left[\dfrac{3}{2} + \dfrac{2}{3}f\left(\dfrac{2}{3}x\right)\right]\mathrm{d}x + \int_{\frac{2}{3}}^2 \left[f(y) - \dfrac{1}{y^2}\right]\mathrm{d}y = 4$.

六、$-\dfrac{64\pi}{3}$. 提示：$\displaystyle\iint_{\Sigma + \Sigma_1} z^2\mathrm{d}y\mathrm{d}z + y\mathrm{d}z\mathrm{d}x + z\mathrm{d}x\mathrm{d}y = \iiint_\Omega \left(\dfrac{\partial P}{\partial x} + \dfrac{\partial Q}{\partial y} + \dfrac{\partial R}{\partial z}\right)\mathrm{d}v = 2\iiint_\Omega \mathrm{d}v = \dfrac{128\pi}{3}$,

$\displaystyle\iint_{\Sigma_1} z^2\mathrm{d}y\mathrm{d}z + y\mathrm{d}z\mathrm{d}x + z\mathrm{d}x\mathrm{d}y = \iint_{\Sigma_1} z\mathrm{d}x\mathrm{d}y$.

七、1. $Q(x,y) = x^2 + 2y - 1$.

2. $\dfrac{\partial Q}{\partial x} - \dfrac{\partial P}{\partial y} = f(y) + \dfrac{1}{f(x)}$,

$\displaystyle\oint_L xf(y)\mathrm{d}y - \dfrac{y}{f(x)}\mathrm{d}x = \iint_D \left[f(y) + \dfrac{1}{f(x)}\right]\mathrm{d}x\mathrm{d}y$,

而 $\displaystyle\iint_D f(y)\mathrm{d}x\mathrm{d}y = \iint_D f(x)\mathrm{d}x\mathrm{d}y$（因 D 关于 $y = x$ 对称），

故 $\displaystyle\oint_L xf(y)\mathrm{d}y - \dfrac{y}{f(x)}\mathrm{d}x = \iint_D \left[f(y) + \dfrac{1}{f(x)}\right]\mathrm{d}x\mathrm{d}y \geq 2\iint_D \mathrm{d}x\mathrm{d}y = 2\pi$.

第十一章　无穷级数

1. (1) ×；(2) √．

2. C．

3. D．

4. (1) 发散；(2) 收敛；(3) 发散；(4) 收敛．

5. (1) 收敛；(2) 发散；(3) 收敛；(4) 收敛；

(5) $\lim\limits_{n\to\infty} \dfrac{u_{n+1}}{u_n} = \dfrac{2}{\mathrm{e}} < 1 \Rightarrow \sum\limits_{n=1}^\infty \dfrac{2^n n!}{n^n}$ 收敛 $\Rightarrow \lim\limits_{n\to\infty} \dfrac{2^n n!}{n^n} = 0$．

6. (1) 绝对收敛；(2) 条件收敛；(3) 条件收敛．

7. C．

8. A．

9. (1) 当 $a > \mathrm{e}$ 时，收敛，当 $0 < a \leq \mathrm{e}$ 时，发散．提示：$\sum\limits_{n=1}^\infty \dfrac{1}{a^{\ln n}} = \sum\limits_{n=1}^\infty \dfrac{1}{n^{\ln a}}$；

(2) 当 $a > 1$ 时，收敛，当 $0 < a \leq 1$ 时，发散．

提示：当 $a > 1$ 时，$\lim\limits_{n\to\infty} \dfrac{\dfrac{1}{1+a^{n+1}}}{\dfrac{1}{1+a^n}} = \dfrac{1}{a} < 1$，

当 $0 < a \leq 1$ 时，$\lim\limits_{n\to\infty} \dfrac{1}{1+a^n} = \begin{cases} \dfrac{1}{2}, & a = 1 \\ 1, & 0 < a < 1 \end{cases}$；

(3) 绝对收敛，提示：$\left|\dfrac{n^3}{2^n}\sin n\right| \leq \dfrac{n^3}{2^n}$；

(4) 条件收敛．

10. (1) 收敛．提示：$\ln\dfrac{4^n + 2^n + 1}{4^n - 2^n + 1} = \ln\left(1 + \dfrac{2^{n+1}}{4^n - 2^n + 1}\right) \sim \dfrac{2^{n+1}}{4^n - 2^n + 1}$；

(2) 当 $a > 1$ 时，原级数收敛．

11. 提示：$\dfrac{a_{n+1}}{b_{n+1}} \leqslant \dfrac{a_n}{b_n} \leqslant \dfrac{a_{n-1}}{b_{n-1}} \leqslant \cdots \leqslant \dfrac{a_1}{b_1}$.

12. (1) $a_{n+1} = \dfrac{1}{2}\left(a_n + \dfrac{1}{a_n}\right) \geqslant \dfrac{1}{2} \times 2 = 1 (n \geqslant 2), a_1 = 2$,

$\therefore a_n - a_{n+1} = \dfrac{1}{2}\left(a_n - \dfrac{1}{a_n}\right) \geqslant 0$.

故 $\{a_n\}$ 递减且有下界，因此 $\lim\limits_{n\to\infty} a_n$ 存在.

令 $\lim\limits_{n\to\infty} a_n = A$，则

$A = \dfrac{1}{2}\left(A + \dfrac{1}{A}\right) \Rightarrow A = 1 (A = -1 \text{ 舍去}).$

(2) 令 $\dfrac{a_n}{a_{n+1}} - 1 = \dfrac{a_n^2 - 1}{a_n^2 + 1} = u_n$, $\lim\limits_{n\to\infty} \dfrac{u_{n+1}}{u_n} = \lim\limits_{n\to\infty} \dfrac{\dfrac{a_n^2 - 1}{a_n^4 + 6a_n^2 + 1}}{\dfrac{1}{1 + a_n^2}} = 0 < 1$, $\sum\limits_{n=1}^{\infty}\left(\dfrac{a_n}{a_{n+1}} - 1\right)$ 收敛.

13. $[0, 2)$.

14. (1) $[-1, 1]$; (2) $\left[-\dfrac{1}{2}, \dfrac{1}{2}\right)$; (3) $\left(-\dfrac{1}{4}, \dfrac{1}{4}\right)$; (4) $[-1, 1)$.

15. (1) $\left(-\dfrac{1}{2}, \dfrac{1}{2}\right)$; (2) $[-\sqrt[3]{2}, \sqrt[3]{2}]$; (3) $\left[-\dfrac{5}{4}, -\dfrac{3}{4}\right]$; (4) $\begin{cases}[0,2], p > 1, \\ [0,2), 0 < p \leqslant 1.\end{cases}$

16. (1) $\sum\limits_{n=0}^{\infty} \dfrac{x^{2n}}{n!}, x \in (-\infty, +\infty)$; (2) $\sum\limits_{n=0}^{\infty} (-1)^n \dfrac{(2x)^{2n}}{(2n)!}, x \in (-\infty, +\infty)$.

17. (1) $\sum\limits_{n=0}^{\infty} \left(\dfrac{1}{2^{n+1}} - \dfrac{1}{3^{n+1}}\right) x^n, x \in (-2, 2)$; (2) $\ln 2 + \sum\limits_{n=1}^{\infty} (-1)^{n-1} \dfrac{x^n}{n \cdot 2^n}, x \in (-2, 2]$;

(3) $\sum\limits_{n=1}^{\infty} (-1)^{n+1} \dfrac{4^n}{(2n)!} x^{2n}, x \in (-\infty, +\infty)$; (4) $\ln 2 - \sum\limits_{n=1}^{\infty} \dfrac{1}{n}\left(1 + \dfrac{1}{2^n}\right) x^n, x \in [-1, 1)$.

18. (1) $\sum\limits_{n=0}^{\infty} \left(\dfrac{1}{2^{n+1}} - \dfrac{1}{3^{n+1}}\right)(x+4)^n, x \in (-6, -2)$;

(2) $-\ln 2 + \sum\limits_{n=1}^{\infty} (-1)^{n-1} \dfrac{2^n - 1}{n \cdot 2^n}(x-1)^n, x \in (0, 2]$.

19. 收敛域为 $[-1, 1), s(x) = \begin{cases} 1, & x = 0, \\ -\dfrac{1}{x}\ln(1-x), & x \in [-1, 0) \cup (0, 1), \end{cases}$ $\sum\limits_{n=0}^{\infty} \dfrac{(-1)^n}{n+1} = \ln 2$.

提示：当 $x \neq 0$ 时，$x s(x) = \sum\limits_{n=0}^{\infty} \dfrac{x^{n+1}}{n+1} = \sum\limits_{n=0}^{\infty} \int_0^x x^n \mathrm{d}x = \int_0^x \left(\sum\limits_{n=0}^{\infty} x^n\right) \mathrm{d}x = \int_0^x \dfrac{1}{1-x} \mathrm{d}x = -\ln(1-x)$.

20. 收敛域为 $(-\sqrt{3}, \sqrt{3}), s(x) = \dfrac{9 + 3x^2}{(3 - x^2)^2}, \sum\limits_{n=0}^{\infty} \dfrac{2n+1}{3^n} = 3$.

提示：$\sum\limits_{n=0}^{\infty} \dfrac{2n+1}{3^n} x^{2n} = \sum\limits_{n=0}^{\infty} \dfrac{2(n+1) - 1}{3^n} x^{2n} = \dfrac{2}{\left(1 - \dfrac{x^2}{3}\right)^2} - \dfrac{1}{1 - \dfrac{x^2}{3}}$.

21. 收敛域为 $(-\infty, +\infty), s(x) = \mathrm{e}^x(1 + x + x^2), \sum\limits_{n=0}^{\infty} \dfrac{n^2 + 1}{n!} = 3\mathrm{e}$.

提示：$\sum\limits_{n=0}^{\infty} \dfrac{1 + n^2}{n!} x^n = \sum\limits_{n=0}^{\infty} \dfrac{1}{n!} x^n + \sum\limits_{n=1}^{\infty} \dfrac{n(n-1) + n}{n!} x^n$.

22. 当 $a \geqslant b > 0$ 时，收敛域为 $\left[-\dfrac{1}{a}, \dfrac{1}{a}\right]$；当 $b > a > 0$ 时，收敛域为 $\left[-\dfrac{1}{b}, \dfrac{1}{b}\right]$.

23. $s(x) = \begin{cases} 1 + \dfrac{2 - x^2}{x^2 - 1}\ln(2 - x^2), & x \in (-\sqrt{2}, -1) \cup (-1, 1) \cup (1, \sqrt{2}), \\ 0, & x = \pm 1. \end{cases}$

24. $f'(x) = (1+x^2)^{-\frac{1}{2}} = 1 - \frac{1}{2}x^2 + \frac{1}{4}x^4 - \cdots,$

$\therefore f(x) = \ln(x + \sqrt{x^2+1}) = x + \sum_{n=1}^{\infty} (-1)^n \frac{(2n-1)!!}{(2n+1)(2n)!!} x^{2n+1}, x \in [-1,1].$

25. $f(x) = x\int_0^x \frac{1}{1+x^2}dx - \frac{1}{2}\ln(1+x^2) = x\sum_{n=0}^{\infty}(-1)^n \frac{x^{2n+1}}{2n+1} - \frac{1}{2}\sum_{n=0}^{\infty}(-1)^n \frac{(x^2)^{n+1}}{n+1}$

$= \sum_{n=0}^{\infty} (-1)^n \frac{x^{2n+2}}{(2n+1)(2n+2)}, x \in [-1,1].$

26. $-\frac{2}{3}\pi.$

27. $a_n = 0; b_n = 0.$

28. $0, \frac{\pi^2}{2}.$

29. (1) 在点 $x = k\pi(k \in \mathbf{Z})$ 处不连续, $f(x)$ 的傅里叶级数在 $x = k\pi(k \in \mathbf{Z})$ 处收敛于 $\frac{k}{2}$; 在连续点 $x(x \neq k\pi, k \in \mathbf{Z})$ 处收敛于 $f(x)$, 且

$a_0 = \frac{1}{\pi}\int_0^\pi k \, dx = k, a_n = \frac{1}{\pi}\int_0^\pi k\cos nx \, dx = 0,$

$b_n = -\frac{k}{n\pi}\cos nx \Big|_0^\pi = \begin{cases} \frac{2k}{n\pi}, & n = 1,3,5,\cdots, \\ 0, & n = 2,4,6,\cdots, \end{cases}$

$f(x) = \frac{k}{2} + \frac{2k}{\pi}\left[\sin x + \frac{1}{3}\sin 3x + \frac{1}{5}\sin 5x + \cdots + \frac{1}{2n-1}\sin(2n-1)x + \cdots\right].$

(2) 函数在点 $x = (2k-1)\pi(k \in \mathbf{Z})$ 处不连续, $f(x)$ 的傅里叶级数在 $x = (2k-1)\pi(k \in \mathbf{Z})$ 处收敛于 $\frac{a-b}{2}\pi.$

在连续点 $x[x \neq (2k-1)\pi, k \in \mathbf{Z}]$ 处收敛于 $f(x)$, 且

$a_0 = \frac{a-b}{2}\pi, a_n = \begin{cases} \frac{2(b-a)}{n^2\pi}, & n = 1,3,5,\cdots, \\ 0, & n = 2,4,6,\cdots, \end{cases}$

$b_n = \frac{(-1)^{n+1}}{n}(a+b), n \in \mathbf{N}^*,$

$f(x) = \frac{a-b}{4}\pi + \sum_{n=1}^{\infty}\left[\frac{b-a}{n^2\pi}(1-\cos n\pi)\cos nx + \frac{(-1)^{n+1}}{n}(a+b)\sin nx\right].$

30. 函数在点 $x = (2k-1)\pi(k \in \mathbf{Z})$ 处不连续, $f(x)$ 的傅里叶级数在 $x = (2k-1)\pi(k \in \mathbf{Z})$ 处收敛于 $\frac{\pi}{2}$. 在连续点 $x[x \neq (2k-1)\pi, k \in \mathbf{Z}]$ 处收敛于 $f(x)$, 且

$a_0 = \pi, a_n = 0, b_n = \frac{(-1)^n}{n},$

$f(x) = \frac{\pi}{2} + \sum_{n=1}^{\infty} \frac{(-1)^n}{n}\sin nx.$

31. (1) 将 $f(x) = \frac{\pi - x}{2}(0 < x \leqslant \pi)$ 展开成正弦级数.

$b_n = \frac{2}{\pi}\int_0^\pi f(x)\sin nx \, dx = \frac{2}{\pi}\int_0^\pi \frac{\pi - x}{2}\sin nx \, dx$

$= \frac{1}{\pi}\left[-\frac{\pi\cos nx}{n} + \left(\frac{x\cos nx}{n} - \frac{\sin nx}{n^2}\right)\right]\Big|_0^\pi = \frac{1}{n},$

故 $f(x) = \sum_{n=1}^{\infty} b_n \sin nx = \sum_{n=1}^{\infty} \frac{1}{n}\sin nx$

$$= \sin x + \frac{1}{2}\sin 2x + \cdots + \frac{\sin nx}{n} + \cdots.$$

(2) 将 $f(x) = \frac{\pi - x}{2}(0 < x \leqslant \pi)$ 展开成余弦级数.

$$a_0 = \frac{2}{\pi}\int_0^\pi f(x)\mathrm{d}x = \frac{\pi}{2},$$

$$a_n = \frac{2}{\pi}\int_0^\pi f(x)\cos nx\,\mathrm{d}x = \frac{2}{\pi}\int_0^\pi \frac{\pi-x}{2}\cos nx\,\mathrm{d}x$$

$$= \frac{1}{\pi}\left[\frac{\pi\sin nx}{n} + \left(\frac{x\sin nx}{n} + \frac{\cos nx}{n^2}\right)\right]\bigg|_0^\pi$$

$$= \frac{1}{n^2\pi}(\cos n\pi - 1) = \begin{cases} -\dfrac{2}{n^2\pi}, & n=1,3,5,\cdots, \\ 0, & n=2,4,6,\cdots, \end{cases}$$

故 $f(x) = \dfrac{a_0}{2} + \sum\limits_{n=1}^{\infty} a_n\cos nx = \dfrac{\pi}{4} - \dfrac{2}{\pi}\left[\cos x + \dfrac{1}{9}\cos 3x + \cdots + \dfrac{\cos(2n-1)x}{(2n-1)^2} + \cdots\right].$

32. 将 $f(x) = x(x-\pi), (0 < x \leqslant \pi)$ 展开成余弦级数.

$$a_0 = \frac{2}{\pi}\int_0^\pi f(x)\mathrm{d}x = \frac{2}{\pi}\int_0^\pi x(x-\pi)\mathrm{d}x = -\frac{\pi^2}{3},$$

$$a_n = \frac{2}{\pi}\int_0^\pi f(x)\cos nx\,\mathrm{d}x = \frac{2}{\pi}\int_0^\pi x(x-\pi)\cos nx\,\mathrm{d}x$$

$$= \frac{2}{\pi}\left[\frac{\pi\sin nx}{n} + \left(\frac{x\sin nx}{n} + \frac{\cos nx}{n^2}\right)\right]\bigg|_0^\pi$$

$$= \frac{2}{n^2}(\cos n\pi + 1) = \begin{cases} \dfrac{1}{k^2}, & n=2,4,6,\cdots,2k,\cdots(k=1,2,3,\cdots), \\ 0, & n=1,3,5,\cdots, \end{cases}$$

故 $f(x) = \dfrac{a_0}{2} + \sum\limits_{n=1}^{\infty} a_n\cos nx = x(x-\pi) = -\dfrac{\pi^2}{6} + \sum\limits_{n=1}^{\infty}\dfrac{1}{n^2}\cos 2nx,$ (*)

对于(*)式,令 $x=0$ 即得

$$\sum_{n=1}^{\infty}\frac{1}{n^2} = \frac{\pi^2}{6},$$

$$\sum_{n=1}^{\infty}\frac{1}{n^2} - \sum_{n=1}^{\infty}\frac{(-1)^{n-1}}{n^2} = 2\left(\frac{1}{2^2} + \frac{1}{4^2} + \frac{1}{6^2} + \cdots\right) = \frac{1}{2}\sum_{n=1}^{\infty}\frac{1}{n^2},$$

$$\sum_{n=1}^{\infty}\frac{(-1)^{n-1}}{n^2} = \frac{1}{2}\sum_{n=1}^{\infty}\frac{1}{n^2} = \frac{\pi^2}{12}.$$

33. $b_n = \dfrac{2}{1}\int_0^1 f(x)\sin n\pi x\,\mathrm{d}x = 2\int_0^1 x(1-x)\sin n\pi x\,\mathrm{d}x$

$$= -\frac{4}{n^3\pi^3}\cos n\pi = (-1)^{n+1}\cdot\frac{4}{n^3\pi^3},$$

故 $f(x) = \sum\limits_{n=1}^{\infty} b_n\sin n\pi x = \sum\limits_{n=1}^{\infty}(-1)^{n+1}\dfrac{1}{n^3\pi^3}\sin n\pi x,$ (*)

对于(*)式,令 $x=\dfrac{1}{2}$ 即得

$$\sum_{n=1}^{\infty}\frac{(-1)^{n-1}}{(2n-1)^3} = f\left(\frac{1}{2}\right) = \sum_{n=1}^{\infty}\frac{(-1)^{n-1}}{(2n-1)^3} = \frac{1}{4}.$$

测试卷十一

一、**1.** B.　**2.** D.　**3.** C.　**4.** A.　**5.** C.　***6.** C.　***7.** B.

二、1. $\dfrac{2^n}{n(n+1)}(n\geqslant 1)$.

2. 2.

3. $-\sum\limits_{n=1}^{\infty}\dfrac{x^n}{n}, x\in[-1,1)$.

三、1. $\sum\limits_{n=1}^{\infty}\dfrac{\sin\dfrac{1}{n+1}}{n^2+1}$ 收敛.

2. $\sum\limits_{n=1}^{\infty}\dfrac{n!}{n^n}$ 收敛.

3. $\sum\limits_{n=0}^{\infty}(-1)^n\cdot\dfrac{2^n x^n}{3^{n+1}}, x\in\left(-\dfrac{3}{2},\dfrac{3}{2}\right)$.

*4. $a_0=2$；$a_n=0, n>1$.

四、当 $a>1$ 时，级数绝对收敛；
当 $0<a<1$ 时，级数发散.

五、$\ln 2+\sum\limits_{n=1}^{\infty}(-1)^{n-1}\dfrac{1}{n}\left(1+\dfrac{1}{2^n}\right)(x-1)^n, x\in(0,2]$.

提示：$\ln[x(x+1)]=\ln[1+(x-1)]+\ln 2+\ln\left(1-\dfrac{x-1}{2}\right)$.

六、收敛域为 $(-\sqrt[3]{2},\sqrt[3]{2})$，$s(x)=\dfrac{x^3+1}{\left(1-\dfrac{x^3}{2}\right)^2}$，$\sum\limits_{n=0}^{\infty}\dfrac{3n+1}{2^n}=8$.

提示：$\sum\limits_{n=0}^{\infty}\dfrac{3n+1}{2^n}x^{3n}=\sum\limits_{n=1}^{\infty}\dfrac{3n}{2^n}x^{3n}+\sum\limits_{n=0}^{\infty}\left(\dfrac{x^3}{2}\right)^n=\dfrac{3x^3}{2}\sum\limits_{n=1}^{\infty}n\cdot\left(\dfrac{x^3}{2}\right)^{n-1}+\sum\limits_{n=0}^{\infty}\left(\dfrac{x^3}{2}\right)^n$.

七、1. 提示：用莱布尼兹审敛法可证：$\sum\limits_{n=1}^{\infty}(-1)^n a_n$ 收敛，

$a_n=e^{\frac{1}{\sqrt{n}}}-1-\dfrac{1}{\sqrt{n}}=1+1+\dfrac{1}{\sqrt{n}}+\dfrac{1}{2!}\left(\dfrac{1}{\sqrt{n}}\right)^2+o\left(\dfrac{1}{\sqrt{n}}\right)-1-\dfrac{1}{\sqrt{n}}=\dfrac{1}{2n}+o\left(\dfrac{1}{n}\right)$.

2. (1) $\left|\dfrac{a_n-a_{n-1}}{a_{n-1}-a_{n-2}}\right|\leqslant\dfrac{1}{4}|a_{n-1}-a_{n-2}|\leqslant\dfrac{1}{4}(|a_{n-1}|+|a_{n-2}|)\leqslant\dfrac{1}{2}$

$\Rightarrow |a_n-a_{n-1}|\leqslant\dfrac{1}{2}|a_{n-1}-a_{n-2}|\leqslant\cdots\leqslant\left(\dfrac{1}{2}\right)^{n-2}|a_2-a_1|$；

(2) $s_n=a_n-a_{n-1}+a_{n-1}-a_{n-2}+\cdots+a_2-a_1=a_n-a_1\Rightarrow a_n\to s+a_1(n\to\infty)$.

第十二章 微分方程

1. C.   2. D.

3. (1) $y=3\sin x-4\cos x$ 是原方程的解；   (2) $y-x=Ce^y$ 是原方程的解.

4. $y=xe^{2x}$.

5. (1) $y=\dfrac{1}{2}\ln^2 x+C$;   (2) $y=-(x+1)e^{-x}+1$.

6. (1) $e^y=\dfrac{1}{2}e^{2x}+C$;   (2) $y^4=\dfrac{Cx}{4-x}$;   (3) $(1+2y)(1+x^2)=C$.

7. (1) $y^2=2\ln(1+e^x)+1-2\ln 2$;   (2) $3^x+3^{-y}-\dfrac{4}{3}=0$.

8. (1) $y=x(Cx^2-1)$;   (2) $\sin\dfrac{y}{x}=Cx$.

9. (1) $y=e^{-x}(x+C)$;   (2) $y=e^{-\sin x}(x+C)$;   (3) $y=\cos x(-2\cos x+C)$;   (4) $xy=-\cos x+C$.

10. (1) $y=1$; (2) $y=\csc x\left(x+\dfrac{\pi}{2}\right)$; (3) $y=x^{-2}\left(\dfrac{1}{2}x^2-x+\dfrac{1}{2}\right)$.

11. $f(x)=-\dfrac{2}{e}e^{-\cos x}+1$. 提示：$f'(x)-f(x)\sin x=-\sin x$.

12. $y=-6x^2+5x+1$. 提示：$\displaystyle\int_0^x y\,dx-\dfrac{x}{2}(1+y)=x^3$.

13. $y=f(x)=\dfrac{x}{1+x^3}$.

提示：$\pi\displaystyle\int_1^t f^2(x)\,dx=\dfrac{\pi}{3}[t^2f(t)-f(1)]\Rightarrow 3f^2(t)=2tf(t)+t^2f'(t)$.

*14. $f(y)=\dfrac{e^y}{y^2}(y^2-2y+2)$. 提示：$-[f(y)-ye^y]=f(y)+yf'(y)$.

15. $v=\left(v_0+\dfrac{mg}{k}\right)e^{-\frac{k}{m}t}-\dfrac{kg}{k}$.

16. $t=\dfrac{15\ln 7}{\ln 7-\ln 4}\approx 52(\min)$.

17. $y=2e^{-x}+x+3$.

18. $v=\left(60-\dfrac{mg}{k}\right)e^{-\frac{k}{m}t}+\dfrac{kg}{k}$.

19. (1) 令 $\ln y-x=u$，则 $y'=y\left(1+\dfrac{du}{dx}\right)$，原方程可化为

$y\left(1+\dfrac{du}{dx}\right)=\dfrac{y}{2u}\Rightarrow 1+\dfrac{du}{dx}=\dfrac{1}{2u}\Rightarrow Cy\sqrt{2\ln y-2x-1}=1$.

(2) $\sin^2 y-2x\sin y-1=0$. 提示：令 $\sin y-x=u$.

(3) $Cy=\dfrac{x}{y}+\sqrt{1+\left(\dfrac{x}{y}\right)^2}$. 提示：$\dfrac{dx}{dy}=\dfrac{x}{y}+\sqrt{1+\left(\dfrac{x}{y}\right)^2}$，令 $\dfrac{x}{y}=u$.

20. $y=\dfrac{1}{2}(e^x+e^{-x})$ 或 $y=1$. 提示：$\displaystyle\int_0^x f(x)\,dx=\int_0^x\sqrt{1+[f'(x)]^2}\,dx\Rightarrow f(x)=\sqrt{1+[f'(x)]^2}$.

21. (1) $bp=\dfrac{a}{p^2}\Rightarrow p=\sqrt[3]{\dfrac{a}{b}}$;

(2) $\displaystyle\lim_{t\to\infty}p(t)=\sqrt[3]{\dfrac{a}{b}}$. 提示：$\dfrac{dp}{dt}=k[D(p)-S(p)]=k\left(\dfrac{a}{p^2}-bp\right)$.

22. $t\approx 14(s)$. 提示：$10000\,dx=0.0002\times 1000\,dt-1000x\,dt\Rightarrow x(t)=0.0002+Ce^{-\frac{1}{10}t}$.

23. (1) $y=x\ln x+C_1 x+C_2$; (2) $y=\dfrac{1}{4}e^{2x}-\dfrac{1}{9}\cos 3x+C_1 x+C_2$.

24. (1) $y=\dfrac{1}{2}x^2+C_1\ln x+C_2$; (2) $y=C_1\left(x+\dfrac{1}{3}x^3\right)+C_2$.

25. C.

26. $y=C_1 y_1+C_2 y_2+y_3$.

27. B.

28. (1) $y=C_1 e^{2x}+C_2 e^{3x}$; (2) $y=(4+2x)e^{-x}$;

(3) $y=C_1+C_2 e^{-4x}$; (4) $y=C_1\cos 2x+C_2\sin 2x$.

29. (1) $y=C_1 e^{-x}+C_2 e^{3x}+1-2x$; (2) $y=C_1 e^x+C_2 e^{-x}-\dfrac{1}{4}xe^{-3x}$.

30. A.

31. D.

32. (1) $y=\cos(-x+C_1)+C_2$; (2) $y=\arcsin(C_2 e^x)-C_1$. 提示：令 $y'=p(y)$，则 $y''=pp'$.

33. $y = -\cos x - \dfrac{1}{3}\sin x + \dfrac{1}{3}\sin 2x$.

34. $y = -\dfrac{1}{8}(\sin 2x - x - x\cos 2x)$.

35. $f(x) = (x+2)e^x + 2, u = y(x+e^x)$.

36. 195(kg). 提示：设 ρ 为水的密度，S 为浮筒的横截面积，D 为浮筒的直径，且设压下的位移为 x，则
$f = -\rho g S \cdot x = mx'' \Rightarrow x = C_1\cos\sqrt{\dfrac{\rho g S}{m}}t + C_2\sin\sqrt{\dfrac{\rho g S}{m}}t$.

37. $y = C_1 + C_2 x + e^x(C_3\cos 2x + C_4\sin 2x)$.

测试卷十二

一、**1.** D. **2.** B. **3.** C. **4.** A. ***5.** B. ***6.** C. ***7.** D.

二、**1.** $y = \dfrac{4}{15}x^{\frac{5}{2}} + C_1 x + C_2$.

2. $\dfrac{dP}{dT} = \dfrac{kP}{T^2}$.

3. $\ln^2 x + \ln^2 y = C$.

三、**1.** $\dfrac{y^2}{x^2} = -2\ln|x| + C$.

2. $y = \dfrac{1}{x}e^{2x} + \dfrac{C}{x}e^2$.

***3.** $y = C_1\arcsin x + C_2$.

4. $y = C_1 e^{\frac{x}{2}} + C_2 e^{-x} + e^x$.

四、$\varphi(x) = \sin x + \cos x$. 提示：$\varphi'(x)\cos x + \varphi(x)\sin x = 1, \varphi(0) = 1$.

五、$x^2 + y^2 = C$.

六、$y(x) = e^{-2x}f(x,x) \Rightarrow e^{2x}y(x) = f(x,x)$，

即 $2e^{2x}y(x) + e^{2x}y'(x) = f_1(x,x) + f_2(x,x) = x^2$，

则 $y'(x) + 2y(x) = x^2 e^{-2x} \Rightarrow y(x) = e^{-2x}\left(\dfrac{1}{3}x^3 + C\right)$.

七、**1.** $\begin{cases}\dfrac{1}{80} = \dfrac{k}{m}t_0 + \dfrac{1}{200}, \\ 0.1 = \dfrac{m}{k}\ln\left(\dfrac{k}{m}t_0 + \dfrac{1}{200}\right) + \dfrac{m}{k}\ln 200\end{cases} \Rightarrow t_0 = \dfrac{3}{4000\left(\ln\dfrac{5}{2}\right)} = 0.0008185(s)$.

2. $\dfrac{dI}{dt} = kIS = kI(N-I) \xRightarrow{I(0)=I_0} \dfrac{I}{N-I} = \dfrac{I_0}{N-I_0}e^{kNt} \Rightarrow I(t) = \dfrac{I_0 e^{kNt}}{(N-I_0) + I_0 e^{kNt}}$.

高等数学（A2）期末模拟试卷（一）

一、**1.** B. **2.** C. **3.** C. **4.** D. **5.** D. **6.** B. **7.** C. **8.** D. **9.** A. **10.** B.

二、**1.** $\dfrac{1}{x}\left[yf'_1 + \dfrac{1}{y}f'_2 - \dfrac{y}{x^2}g'\left(\dfrac{x}{y}\right)\right] + \dfrac{1}{y}\left[xf'_1 - \dfrac{x}{y^2}f'_2 + \dfrac{1}{x}g'\left(\dfrac{x}{y}\right)\right]$.

2. $\dfrac{2\pi}{3}$. **3.** $y = x^2 e^{-x^2}$. **4.** 0. 提示：$a_3 = \dfrac{1}{\pi}\displaystyle\int_{-\pi}^{\pi}(x^3+1)\cos 3x\,dx$.

三、$a = -1, u(x,y) = \arctan\dfrac{y}{x} + C$. 提示：$u(x,y) = \displaystyle\int_1^x \dfrac{-1}{1+x^2}dx + \displaystyle\int_1^y \dfrac{x}{x^2+y^2}dy + C$.

四、在 $[-1,1]$ 收敛，$\displaystyle\sum_{n=1}^{\infty}(-1)^n \dfrac{x^{2n+1}}{2n+1} = -x + \arctan x, x \in [-1,1]$.

提示：$\lim\limits_{n\to\infty}\left|\dfrac{\dfrac{(-1)^{n+1}}{2(1+n)+1}x^{2(n+1)+1}}{(-1)^n\cdot\dfrac{1}{2n+1}\cdot x^{2n+1}}\right|=x^2<1\Rightarrow R=1,\sum\limits_{n=1}^{\infty}(-1)^n\dfrac{x^{2n+1}}{2n+1}=-\int_0^x\dfrac{x^2}{1+x^2}dx.$

五、$L\subset\Pi.$

六、$y=f(x)=\dfrac{2}{x}.$ 提示：$\dfrac{\partial P}{\partial y}=\dfrac{\partial Q}{\partial x}\Rightarrow yF_y=xF_x\Rightarrow \dfrac{dy}{dx}=-\dfrac{F_x}{F_y}=-\dfrac{y}{x}.$

七、$r:h:L=3\sqrt{5}:6:10.$ 提示：设 $F(r,h,L,\lambda)=2\pi rL+2\pi r\sqrt{r^2+h^2}+\lambda(\pi r^2L+\dfrac{2}{3}\pi r^2h)$,

$$\begin{cases}F_L=2\pi r+\lambda\cdot\pi r^2=0,\\ F_r=2\pi L+2\pi\sqrt{r^2+h^2}+2\pi r\cdot\dfrac{r}{\sqrt{L^2-r^2}}+2\pi\lambda Lr+\dfrac{4}{3}\pi rh=0,\\ F_h=2\pi r\dfrac{h}{\sqrt{r^2+h^2}}+\dfrac{2}{3}\pi r^2=0,\\ \pi r^2L+\dfrac{2}{3}\pi r^2h-V_0=0.\end{cases}$$

高等数学（A2）期末模拟试卷（二）

一、1. C. 2. D. 3. C. 4. C. 5. B. 6. B. 7. B. 8. C. 9. B. 10. D.

二、1. $\dfrac{\cos(x-2z)}{-3\sin(y-3z)+2\cos(x-2y)}dy+\dfrac{-\sin(y-3z)}{2\cos(x-2y)-3\sin(y-3z)}dy.$

2. $(2,2,-2\sqrt{7}),\left[\dfrac{\partial f}{\partial l}\bigg|_{(1,1,\frac{\sqrt{7}}{2})}\right]_{\max}=|\operatorname{grad}f(1,1,\dfrac{\sqrt{7}}{2})|=6.$

3. $y=\dfrac{1}{9}x^3+C_1\ln x+C_2.$

4. $\dfrac{1}{2}.$

三、$\left(\dfrac{1}{2},1+2\ln 2,2\right),2x+y-z-2\ln 2=0.$

四、8.

五、$\pi e^{\pi}+2.$

六、$f(x)=e^{\frac{\pi}{2}x}.$

提示：$f(t)=\iint_D f(x^2+y^2)dxdy+1=\int_0^{\pi}d\theta\int_0^{\sqrt{t}}f(\rho^2)\rho d\rho+1=\pi\int_0^{\sqrt{t}}f(\rho^2)\rho d\rho+1,$

将上式两端同时对 t 求导：$f'(t)=\pi f(t)\sqrt{t}\cdot\dfrac{1}{2\sqrt{t}}=\dfrac{\pi}{2}f(t).$

七、设 $g(x,y)=(y-2x)^2+(x-2y)^2=5x^2+5y^2-8xy$，只需 $g(x,y)$ 最大即可，构造 $L(x,y)=5x^2+5y^2-8xy+\lambda(x^2+y^2-xy-75)$，则有

$$\begin{cases}\dfrac{\partial L}{\partial x}=10x-8y+\lambda(2x-y)=0, & (1)\\ \dfrac{\partial L}{\partial y}=10y-8x+\lambda(2y-x)=0, & (2)\\ \dfrac{\partial L}{\partial \lambda}=x^2+y^2-xy-75=0, & (3)\end{cases}$$

由(1)、(2) 式得 $x=-y,\lambda=-6$ 或 $x=y,\lambda=-2$,

可能的极值点：$M_1(5,-5),M_2(-5,5),M_3(5\sqrt{3},5\sqrt{3}),M_4(-5\sqrt{3},-5\sqrt{3}).$
$g(M_1)=g(M_2)=450,g(M_3)=g(M_4)=150.$

因为实际问题存在最大值,所以采集点应选在 M_1, M_2.

高等数学(B2)期末模拟试卷(一)

一、1. A. 2. D. 3. C. 4. A. 5. A. 6. C. 7. C. 8. D. 9. B. 10. B.

二、1. $\dfrac{\partial z}{\partial x} = \cos x f_1'$, $\dfrac{\partial^2 z}{\partial x \partial y} = -\sin y \cos x f_{12}''$.

2. $\pi(\cos\pi^2 - \cos 4\pi^2)$.

3. $\dfrac{1}{2}(e^2 + 1) - 2\ln 2$.

4. $y = x(-e^{-x} + C)$.

三、(1) $I = \int_0^{\frac{\pi}{2}} dx \int_{\frac{2}{\pi}x^2}^{x} \dfrac{\sin x}{x} dy$; (2) $1 - \dfrac{2}{\pi}$.

四、$\dfrac{1}{2\sqrt{x_0}}(x - x_0) + \dfrac{1}{2\sqrt{y_0}}(y - y_0) + \dfrac{1}{2\sqrt{z_0}}(z - z_0) = 0$.

令 $y = 0, z = 0$ 得:切平面在 x 轴的截距为 $\sqrt{a x_0}$,

同理可得:切平面在 y 轴的截距为 $\sqrt{a y_0}$,切平面在 z 轴的截距为 $\sqrt{a z_0}$,易证.

五、在 $(-1, 1]$ 收敛, $-x\ln(1+x)$.

六、$\dfrac{x}{2}(y+1) + \int_x^1 y dx = \dfrac{x^3}{6} + \dfrac{1}{3}$,

$\dfrac{1}{2}(y+1) + \dfrac{x}{2}y' - y = \dfrac{x^2}{2} \Rightarrow y' - \dfrac{1}{x} y = x - \dfrac{1}{x} \Rightarrow y = x^2 + Cx + 1$,

由 $y(1) = 0 \Rightarrow C = -2$,

故 $f(x) = (x-1)^2$.

七、该题为求费用函数 $C(x_1, x_2) = p_1 x_1 + p_2 x_2$ 在条件 $2 x_1^{\frac{1}{3}} x_2^{\frac{2}{3}} = 12$ 下的最小值问题,为此作拉格朗日函数 $L(x_1, x_2, \lambda) = p_1 x_1 + p_2 x_2 + \lambda(12 - 2 x_1^{\frac{1}{3}} x_2^{\frac{2}{3}})$.

令 $\begin{cases} L_{x_1} = p_1 - \dfrac{2}{3} \lambda x_1^{-\frac{2}{3}} x_2^{\frac{2}{3}} = 0 \\ L_{x_2} = p_2 - \dfrac{4}{3} \lambda x_1^{\frac{1}{3}} x_2^{-\frac{1}{3}} = 0 \\ 2 x_1^{\frac{1}{3}} x_2^{\frac{2}{3}} = 12 \end{cases} \xRightarrow{\frac{p_1}{p_2} = 4} \begin{cases} x_2 = 8 x_1, \\ 2 x_1^{\frac{1}{3}} x_2^{\frac{2}{3}} = 12 \end{cases} \Rightarrow \begin{cases} x_1 = \dfrac{3}{2}, \\ x_2 = 12. \end{cases}$

高等数学(B2)期末模拟试卷(二)

一、1. B. 2. C. 3. A. 4. C. 5. C. 6. B. 7. D. 8. C. 9. C. 10. D.

二、1. $dz\big|_{(1,1)} = -\dfrac{1}{2} dx + \dfrac{1}{2} dy$.

2. $\dfrac{7\pi^2}{576}$.

3. $a = 2$.

4. $y = (x+1)^2 \left[\dfrac{1}{2}(x+1)^2 + C\right] \xRightarrow{y(0) = \frac{1}{2}} y = \dfrac{1}{2}(x+1)^4$.

三、(1) $I = \int_0^1 dy \int_{y^2}^{2-y} \dfrac{y^3}{y+2} dx$; (2) $\dfrac{1}{20}$.

四、$(-3, -1, 3)$.

五、$\dfrac{1}{x^2+3x+2} = \dfrac{1}{2}\cdot\dfrac{1}{1-\dfrac{x+4}{2}} - \dfrac{1}{3}\cdot\dfrac{1}{1-\dfrac{x+4}{3}} = \dfrac{1}{2}\sum_{n=0}^{\infty}\left(\dfrac{x+4}{2}\right)^n - \dfrac{1}{3}\sum_{n=0}^{\infty}\left(\dfrac{x+4}{3}\right)^n$

$\qquad = \sum_{n=0}^{\infty}\left[\left(\dfrac{1}{2}\right)^{n+1} - \left(\dfrac{1}{3}\right)^{n+1}\right](x+4)^n.$

六、$f(x,y) = x^3 y^2 + \sqrt{x^2+y^2} - \dfrac{18\pi}{1+9\pi}.$

七、令 $F(x,y,z) = xyz + \lambda(3xy + 2xz + 2yz - 36)$,

$\begin{cases} F_x = yz + 3\lambda y + 2\lambda z = 0, \\ F_y = xz + 3\lambda x + 2\lambda z = 0, \\ F_z = xy + 2\lambda x + 2\lambda y = 0, \\ 3xy + 2xz + 2yz - 36 = 0 \end{cases} \xrightarrow{(x>0,y>0,z>0)} \begin{cases} x = 2, \\ y = 2, \\ z = 3. \end{cases}$

高等数学本科 A 类竞赛模拟试卷

一、1. 2. 2. 1. 3. $\dfrac{1}{2}(4+\ln 3)$. 4. $\dfrac{2}{3}$. 5. $\dfrac{3}{5}$.

二、1. C. 2. A. 3. C. 4. D. 5. A.

三、解:$\lim_{n\to\infty}\left[\dfrac{f\left(0,y+\dfrac{1}{n}\right)}{f(0,y)}\right]^n = \lim_{n\to\infty}\left[1 + \dfrac{f\left(0,y+\dfrac{1}{n}\right) - f(0,y)}{f(0,y)}\right]^n$

$\qquad = e^{\lim_{n\to\infty}\dfrac{f(0,y+\frac{1}{n})-f(0,y)}{\frac{1}{n}f(0,y)}} = e^{\dfrac{f_y(0,y)}{f(0,y)}},$

则 $\dfrac{f_y(0,y)}{f(0,y)} = \dfrac{\mathrm{d}\ln f(0,y)}{\mathrm{d}y} = \cot y,$

对 y 积分得 $\ln f(0,y) = \ln\sin y + \ln c$, $f(0,y) = c\sin y$, 代入 $f\left(0,\dfrac{\pi}{2}\right)=1$ 得 $c=1$, $f(0,y)=\sin y$. 又已知 $\dfrac{\partial f}{\partial x} = -f \Rightarrow f(x,y) = c(y)e^{-x}$, $\because f(0,y)=\sin y$, $\therefore c(y)=\sin y$, 故 $f(x,y) = e^{-x}\cdot\sin y.$

四、证明:$x=0, x=1, x=3$ 是 $f(x)$ 在 $[0,3]$ 上的二重根,

由罗尔定理知,至少存在 $\xi_1\in(0,1), \xi_2\in(1,3)$ 是 $f'(x)=0$ 的实根.

又 $x=0, x=1, x=3$ 是 $f'(x)=0$ 的单根.

由罗尔定理知,至少存在 $\eta_1\in(0,\xi_1), \eta_2\in(\xi_1,1), \eta_3\in(1,\xi_2), \eta_4\in(\xi_2,3)$ 是 $f''(x)=0$ 的实根,而由 $f(x)$ 是 6 次多项式,故 $f''(x)=0$ 至多有 4 个实根,

于是 $f''(x)=0$ 在 $(0,3)$ 上有 4 个实根.

五、解:设点 $Q(x_0,y_0,z_0)$,

则球面的切平面方程为 $x_0(x-x_0) + y_0(y-y_0) + (z_0+1)(z-z_0) = 0,$

垂线方程为 $\dfrac{x}{x_0} = \dfrac{y}{y_0} = \dfrac{z}{z_0+1} \Rightarrow x_0 = tx, y_0 = ty, z_0+1 = tz,$

代入 $x_0^2 + y_0^2 + (z_0+1)^2 = 4$ 及切平面方程得

$x^2 + y^2 + z^2 = \dfrac{4}{t^2}, x^2+y^2+z^2+z = t(x^2+y^2+z^2),$

即 $(x^2+y^2+z^2)^2 = 4(x^2+y^2+z)$ (P 点轨迹).

化为球坐标方程 $\rho = 2-\cos\varphi, V = \int_0^{2\pi}\mathrm{d}\theta\int_0^{\pi}\sin\varphi\mathrm{d}\varphi\int_0^{2-\cos\varphi}\rho^2\mathrm{d}\rho = \dfrac{40\pi}{3}.$

六、解:$s_1(x) = \sum_{n=0}^{\infty}(n+2)(n+1)x^n$

$\qquad = \sum_{n=0}^{\infty}(x^{n+2})'' = \left(\sum_{n=0}^{\infty}x^{n+2}\right)'' = \left(\dfrac{x^2}{1-x}\right)'' = \dfrac{2}{(1-x)^3}, |x|<1,$

$$s_1 = \sum_{n=0}^{\infty} \frac{(-1)^n (n+2)!}{2^n \cdot n!} = \sum_{n=0}^{\infty} \frac{(-1)^n (n+2)(n+1)}{2^n} = s_1\left(-\frac{1}{2}\right) = \frac{4}{27},$$

而 $s_2 = \sum_{n=0}^{\infty} \frac{(-1)^n}{2^n \cdot n!} = e^{\frac{1}{2}}$,故原式 $= s_1 + s_2 = \frac{4}{27} + e^{\frac{1}{2}}$.

七、证明：设 $F(x) = \left[\int_a^x f(x) dx\right]^2 - \int_a^x f^3(x) dx, F(a) = 0$,

则 $F'(x) = f(x)\left[2\int_a^x f(x) dx - f^2(x)\right]$.

令 $g(x) = 2\int_a^x f(x) dx - f^2(x)$ 有 $g(a) = 0$,

又 $g'(x) = 2f(x)[1 - f'(x)] > 0$ 且 $x > a$ 时,$f(x) > f(a) = 0$,

故 $g(x) > 0, F'(x) > 0$,则 $F(b) > F(a) = 0$,原命题得证.

八、解：记 $P = \frac{y}{2x^2 + f(y)}, Q = \frac{-x}{2x^2 + f(y)}$;因在 G 内曲线积分路径无关,

$\therefore Q'_x = P'_y$,

即 $\frac{2x^2 - f(y)}{(2x^2 + f(y))^2} = \frac{2x^2 + f(y) - yf'(y)}{(2x^2 + f(y))^2}$

$\Rightarrow yf'(y) = 2f(y)$,又 $f(1) = 1$,解得 $f(y) = y^2, \therefore f(x) = x^2$.

取 $\Gamma_\varepsilon : 2x^2 + y^2 = \varepsilon^2$,取正向,其中正数 ε 充分小,使得 Γ_ε 位于 Γ 内部,设 Γ 与 Γ_ε 所包围的区域 D,在 D 上,$P, Q \in C^1, Q'_x = P'_y$,

应用格林公式得 $\oint_{\Gamma + \Gamma_\varepsilon^-} P dx + Q dy = \iint_D (Q'_x - P'_y) dx dy = 0$,

$\therefore \oint_\Gamma P dx + Q dy = -\oint_{\Gamma_\varepsilon^-} P dx + Q dy = \oint_{\Gamma_\varepsilon} P dx + Q dy$ (令 $x = \frac{\varepsilon}{\sqrt{2}}\cos\theta, y = \varepsilon\sin\theta$)

$= -\int_0^{2\pi} \frac{1}{\sqrt{2}}(\cos^2\theta + \sin^2\theta) d\theta = -\sqrt{2}\pi$.

九、解：设 $a = \lim_{n\to\infty} a_n$,则因 $\{a_n\}$ 单调下降有下界 0,故 $a \in \mathbf{R}$,

而 $\sum_{n=0}^{\infty}(-1)^n a_n$ 发散,所以 $a > 0$.

令 $u_n = \left(\frac{1}{a_n + 1}\right)^n$,则 $l = \lim_{n\to\infty}\sqrt[n]{|u_n|} = \lim_{n\to\infty}\frac{1}{a_n+1} = \frac{1}{a+1}$,

收敛半径 $R = \frac{1}{l} = a+1$,收敛区间为 $(-a, a+2)$.

由 $0 < \frac{1}{a_n+1} < \frac{1}{a+1} < 1$ 知 $\left(\frac{1}{a_n+1}\right)^n < \left(\frac{1}{a+1}\right)^n$,

因此,收敛域为 $[-a, a+2]$.

高等数学本科 B 类竞赛模拟试卷

一、1. $\left(\frac{3}{4}, \frac{4}{3}\right)$. 2. $3^{2006} 2006!$. 3. $\frac{1}{2n}(\arctan x^n - \frac{x^n}{1+x^{2n}}) + C$. 4. $\frac{\pi}{4}$. 5. $\frac{\pi}{6}$. 6. z.

7. 125. 8. 2. 9. $\frac{1}{\sqrt{e}}$. 10. $2(1-\ln 2)$.

二、解：当 $x > 0$,由 $\begin{cases} f'(x) + g'(x) = 3 \\ f'(x) - g'(x) = 1 \end{cases} \Rightarrow \begin{cases} f(x) = 2x + c_1 \\ g(x) = x + c_2 \end{cases}$,

注意 $\begin{cases} f(0^+) = f(0) = 1 \\ g(0^+) = g(0) = 1 \end{cases} \Rightarrow x \geq 0, \begin{cases} f(x) = 2x + 1 \\ g(x) = x + 1. \end{cases}$

令 $2x=t$，易得 $g'(-t)=3t^2+1,t>0$，
即 $x<0,g'(x)=3x^2+1$，有 $g(x)=x^3+x+c$，
注意到 $g(0^-)=g(0)=1$ 得 $x<0,g(x)=x^3+x+1$，
于是 $f(x)=2x+1,x\geqslant 0$，

$$g(x)=\begin{cases} x+1, & x\geqslant 0, \\ x^3+x+1, & x<0. \end{cases}$$

三、解：设 $f(x)=x-\dfrac{\pi}{2}\sin x$，当 $f'(x)=1-\dfrac{\pi}{2}\cos x=0$，

$x_0=\arccos\dfrac{2}{\pi},x_0\in\left(0,\dfrac{\pi}{2}\right)$，

易证 x_0 是 $\left(0,\dfrac{\pi}{2}\right)$ 内的唯一最小值点．最小值 $y_0=f(x_0)=x_0-\dfrac{\pi}{2}\sin x_0$．

又 $f(0)=f\left(\dfrac{\pi}{2}\right)=0$，故在 $\left(0,\dfrac{\pi}{2}\right)$ 内 $f(x)$ 的取值范围是 $(y_0,0)$．

若 $f(x)=k$ 在 $\left(0,\dfrac{\pi}{2}\right)$ 内无解，则 k 的取值范围是 $(-\infty,y_0)\cup(y_0,+\infty)$．

四、解：设曲线 C 的方程为 $y=f(x)$.

由题意知 $\displaystyle\int_0^x \sqrt{1+[f'(t)]^2}\,\mathrm{d}t=\int_0^x f(t)\mathrm{d}t$，

求导得 $\sqrt{1+[f'(t)]^2}=f(x)$，

即 $y'=\pm\sqrt{y-1}$，

$y=1$ 显然为其解.

$y\neq 1$ 时，有 $\dfrac{\mathrm{d}y}{\sqrt{y^2-1}}=\pm\mathrm{d}x$，注意到 $y(0)=1$，

故 $y+\sqrt{y^2-1}=\mathrm{e}^{\pm x}$，

$y-\sqrt{y^2-1}=\mathrm{e}^{\mp x}$，

从而 $y=\dfrac{1}{2}(\mathrm{e}^x+\mathrm{e}^{-x})$ 或 $y=1$.

五、解：(1) $F(x)=\dfrac{1}{2a}\displaystyle\int_{x-a}^{x+a}f(t)\mathrm{d}t=\dfrac{1}{2a}\left[\int_0^{x+a}f(t)\mathrm{d}t-\int_0^{x-a}f(t)\mathrm{d}t\right]=\dfrac{1}{2a}[G(x+a)-G(x-a)]$；

(2) $F'(x)=\dfrac{1}{2a}[G'(x+a)-G'(x-a)]=\dfrac{1}{2a}[f(x+a)-f(x-a)]$；

(3) $\displaystyle\lim_{a\to 0}F(x)=\lim_{a\to 0}\dfrac{G(x+a)-G(x-a)}{2a}$

$=\displaystyle\lim_{a\to 0}\dfrac{[G(x+a)-G(x)]+[G(x)-G(x-a)]}{2a}$

$=\dfrac{1}{2}[G'(x)+G'(x)]=G'(x)=f(x)$；

(4) $|F(x)-f(x)|=\left|\dfrac{1}{2a}\displaystyle\int_{x-a}^{x+a}f(t)\mathrm{d}t-f(x)\right|=\left|\dfrac{1}{2a}[(x+a)-(x-a)]f(\xi)-f(x)\right|$

$=|f(\xi)-f(x)|\leqslant M-m(x-a\leqslant\xi\leqslant x+a)$.

六、解：$|OP|=t$，则 $P\left(\dfrac{t}{\sqrt{2}},\dfrac{t}{\sqrt{2}}\right)$，$PQ$ 的方程为 $y=\sqrt{2}t-x(\sqrt{2}\leqslant t\leqslant 2\sqrt{2})$.

由 $\begin{cases} y=\sqrt{2}t-x, \\ y^2-x^2=4 \end{cases}$ 解得 $x=x_0=\dfrac{t}{\sqrt{2}}-\dfrac{\sqrt{2}}{t}$，

∴ $|PQ|=\sqrt{2}\left(\dfrac{t}{\sqrt{2}}-x_0\right)=\dfrac{2}{t}$.

$$V = \pi \int_{\sqrt{2}}^{2\sqrt{2}} |PQ|^2 \mathrm{d}t = \pi \int_{\sqrt{2}}^{2\sqrt{2}} \frac{4}{t^2} \mathrm{d}t = 4\pi \left(-\frac{1}{t}\right)\Big|_{\sqrt{2}}^{2\sqrt{2}} = \sqrt{2}\pi.$$

七、解：先求 $\sum_{n=2}^{\infty} \frac{\ln n}{n^3} x^n$ 的收敛域.

令 $a_n = \frac{\ln n}{n^3}$，则因 $\lim_{n\to\infty} \left|\frac{a_{n+1}}{a_n}\right| = 1$，故收敛半径 $R = 1$.

易见当 $x = \pm 1$ 时，$\sum_{n=2}^{\infty} \frac{\ln n}{n^3} x^n$ 都绝对收敛，从而收敛域为 $[-1, 1]$.

下面再求幂级数 $\sum_{n=2}^{\infty} \frac{1}{n \ln n} x^n$ 的收敛域.

令 $b_n = \frac{1}{n \ln n}$，则因 $\lim_{n\to\infty} \left|\frac{b_n + 1}{b_n}\right| = 1$，故收敛半径为 1，

易见 $\sum_{n=2}^{\infty} \frac{1}{n \ln n} x^n$ 的收敛域为 $[-1, 1]$.

原级数的收敛为 $[-1, 1] \cap [-1, 1]$ 即 $[-1, 1]$.

八、解：$\frac{\partial z}{\partial x} = \int (x + y) \mathrm{d}y = xy + \frac{y^2}{2} + \varphi(x)$，

$$\varphi(x) = \frac{\partial}{\partial x} f(x, 0) = 1, \frac{\partial z}{\partial x} = xy + \frac{y^2}{2} + 1,$$

$$z = f(x, y) = \int \left(xy + \frac{y^2}{2} + 1\right) \mathrm{d}x = \frac{x^2 y}{2} + \frac{xy^2}{2} + x + \varphi(y),$$

$$\varphi(y) = f(0, y) = y^2,$$

则 $f(x, y) = \frac{x^2 y}{2} + \frac{xy^2}{2} + x + y^2$.

故原式 $= \iint_{x^2+y^2 \leq 1} \frac{x^2 y}{2} e^{x^2+y^2} \mathrm{d}x\mathrm{d}y + \iint_{x^2+y^2 \leq 1} \left(1 + \frac{y^2}{2}\right) x e^{x^2+y^2} \mathrm{d}x\mathrm{d}y + \iint_{x^2+y^2 \leq 1} y^2 e^{x^2+y^2} \mathrm{d}x\mathrm{d}y$

$= \int_0^{2\pi} \sin^2\theta \mathrm{d}\theta \int_0^1 r^3 e^{r^2} \mathrm{d}r = \frac{\pi}{2}.$